Activités Géométriques
autour des polygones et du nombre d'or

Tome I
R. J. M. VINCENT

Dynamique de l'innovation

Texte adaptés
par
Michèle ROBERTS
Phideco@tiscali.fr

Mes remerciements à

Suzanne AGOSTINI
Thérèse CATY
Marion GARCIN
Cécile GRAC
Christian HAKENHOLZ
Pascal et Cédric JOUNIAUX
Jacqueline KANTER
Marc THÉROND
Christiane VINCENT
Françoise VINCENT

Première édition septembre 2003

© Les Editions ARCHIMEDE, 2003
5 rue Jean Grandel
95100 Argenteuil
www.librairie-archimede.com
ISBN 2-84469-032-7
Photo et illustrations : droits réservés

© Les Edition Archimède 2003
Toute représentation ou reproduction, intégrale ou partielle, faite sans la consentement de l'auteur, ou de ses ayant-droit, ou ayant-cause, est illicite (loi du 11 mars 1957 alinéas 2 et 3 de l'article 41 du Code de la Propriété Intellectuelle}. Cette représentation ou reproduction, par quelque procédé que ce soit, constituerait une contrefaçon sanctionnée par l'article L. 335-2 du Code de la Propriété Intellectuelle. Le Code de la Propriété Intellectuelle n'autorise, aux termes des les articles 425 et suivants du Code pénal, que les copies ou reproductions strictement réservées à l'usage privé du copiste et non destinées à une utilisation collective d'une part et, d'autre part, que les analyses et les courtes citations dans un but d'exemple et d'illustration. Le photocopillage, c'est l'usage abusif et collectif de la photocopie sans autorisation des auteurs et des éditeurs, Largement répandu dans les établissements d'enseignement, le photocopillage menace l'avenir du livre, car il met en danger son équilibre économique, Il prive les auteurs d'une juste rémunération.

SOMMAIRE

Note de l'éditeur	2
Bienvenue	3
Un peu de mathématiques	4
Tracés simples et décoration	5
Rectangles	5
Pentagones	11
Hexagones	31
Octogones	41
Décagones	47
Petit lexique	60
Avancez au large	62

Note de l'éditeur

J'ai rencontré R. J. M. Vincent à un congrès de l'APMEP. Il raconte ses ouvrages avec passion et enthousiasme. J'ai été séduit par la manière dont il appréhende le tracé géométrique et sa façon d'y intéresser les plus jeunes. Ce présent ouvrage devrait permettre à tous de l'aborder avec plaisir et constance : il guide les plus inexpérimentés vers des réalisations décoratives réussies. Cependant, les tracés, s'ils sont très compréhensibles au néophyte, laisse la place dans les décorations à la réflexion et à l'imagination. Le choix de traiter les tracés avec du papier quadrillé procède d'une intention de simplification des consignes : le choix du centre d'un cercle se fait le plus souvent sur un noeud du quadrillage et les distances correspondent à un nombre de carreaux. Naturellement, cela induit quelques imprécisions dans les résultats (du point de vue d'un mathématicien) mais cette imprécision, de l'ordre du centième, permet l'obtention de représentations des polygones réguliers à n côtés. L'important est l'harmonie des formes obtenues et la précision de la réalisation. Il faut néanmoins conserver à l'esprit que ces méthodes de construction ne sont pas toutes exactes et, donc, pour la satisfaction de l'esprit, il conviendrait de distinguer celles qui donnent une construction vraie des autres. Ce n'a pas été le choix de l'auteur qui s'est centré, titre d'ingénieur oblige, à la réalisation utile des divers tracés et à l'obtention de formes harmonieuses pour la décoration.

Les travaux de R. J. M. Vincent sont basés sur deux piliers principaux :
- le nombre d'or, noté Φ, d'une part
- la suite de nombres 1, 1, 2, 3, 5, 8, 13, 21, 34... appelé suite de Fibonacci.
Il a mis en relation ces deux objets pour en tirer les constructions présentées et en faire une méthode de réalisation de figures. Les liens utilisés (convergence des rapports des termes de la suite vers Φ) indique bien le côté approximatif des méthodes, la vitesse de convergence permet de connaître la précision de ces mêmes méthodes.

Le lecteur doit avoir ces informations pour utiliser cet ouvrage comme une invitation à la découverte et au plaisir de réaliser mais aussi pour découvrir les liens mathématiques liés à ces représentations. La page, «un peu de mathématiques» est destiné au lecteur averti.

Après cette petite mise en garde, place au plaisir et à la découverte...

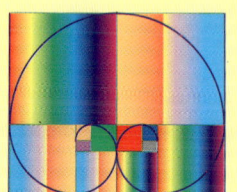 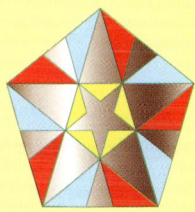   

Bienvenue !

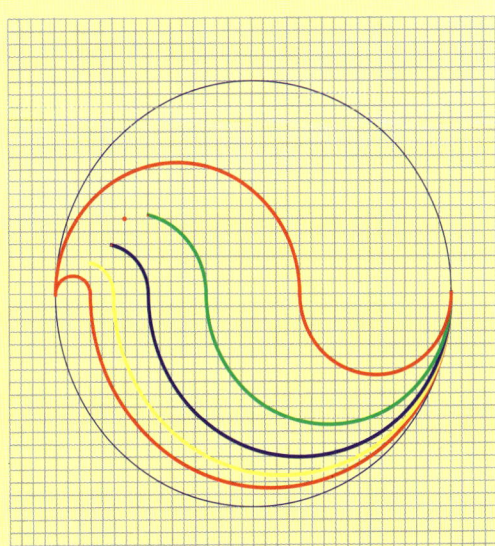

Une nouvelle aventure

Vous, qui ouvrez ce livre, êtes prêts à vous lancer dans le monde fascinant des constructions géométriques. Vous allez apprendre à construire des **polygones**, bien sûr, mais aussi à faire le **P**artage **MER**veilleux de leurs côtés pour pouvoir remplir ces polygones de beaux et harmonieux tracés.
La méthode est toute simple, les tracés faciles à réaliser. Quand vous aurez fait tous les tracés de ce livre, vous maîtriserez la construction du **pentagone**, de l'**hexagone**, de l'**octogone** et du **décagone**. Mais au fait savez-vous ce que veulent dire tous ces mots ? Ah ! c'est du grec n'est-ce pas ? Mais oui ! Vous trouverez la traduction dans le **Petit Lexique** à la fin du livre.

Le matériel nécessaire

Pour réaliser de beaux tracés, il vous faudra
- du PAPIER QUADRILLÉ (petits carreaux) format **24 cm x 32 cm**
- une RÈGLE PLATE, transparente, de 30 cm
- un COMPAS (ouverture *minimale* de 12,5 cm) dont la mine sera toujours bien
affûtée (il est vivement conseillé d'avoir DEUX compas, cela permet plus de **précision**)
et, bien sûr, plusieurs crayons HB (bien aiguisés) et une belle gomme blanche douce.
Prenez votre temps. Regardez les tracés et suivez bien les indications données.
Pensez à vérifier vos mesures avec le compas à chaque étape.
Un tracé réussi est une belle récompense.

L'organisation d'un chapitre

Chaque chapitre commence par les pages "tracés" repérées par l'icone

et se termine par les pages "décorations" repérées par l'icone

On trouve quelquefois un ou plusieurs défis à réaliser. Ils ouvrent une passerelle vers le dessin sur papier sans quadrillage

Un peu de mathématiques

Le nombre d'or, noté Φ, est la solution positive de l'équation du second degré $x^2 - x - 1 = 0$. Il vérifie donc la relation $\Phi^2 = \Phi + 1$.
En multipliant les deux termes de cette égalité par Φ, on trouve $\Phi^3 = \Phi^2 + \Phi$ et, en réitérant le procédé, on constate que toute puissance du nombre d'or est la somme des deux puissances précédentes (par exemple : $\Phi^7 = \Phi^6 + \Phi^5$).

Le résultat remarquable obtenu est le suivant : la suite géométrique de premier terme 1 et de raison Φ est également la suite dont les deux premiers termes valent 1 et Φ et dont le terme général est la somme des deux termes précédents. (formulation mathématique de ce résultat : on a $u_0=1$ $u_1=\Phi$ et soit $u_{n+1}=u_n \times \Phi$ soit $u_{n+2}=u_{n+1}+u_n$)

Il est à noter que les termes successifs de la suite de FIBONACCI utilisée par R. J. M Vincent vérifie 2=1+1, 3=2+1, 5=3+2, 8=5+3 etc... Naturellement, il aurait été souhaitable qu'elle soit également géométrique. Ce n'est pas le cas. Pour vérifier que des termes sont des termes d'une suite géométrique, il suffit de montrer que leur rapports successifs, dans le même ordre, sont égaux. Ils ne le sont pas mais, ce rapport tend vers Φ et même rapidement ($13/8 - \Phi < 7 \cdot 10^{-3}$).

Comment choisir une suite d'entiers vérifiant la condition d'addition pour réaliser des figures répondant aux critères d'harmonie et de précision ? Il faut une convergence rapide vers Φ et des nombres, qui représente la longueur d'un segment, permettant le tracé sur une feuille ayant des dimensions limitées. Il suffit de donner les deux premiers termes de la suite pour la connaître entièrement. Vous pouvez faire quelques essais ; certains montrent que la convergence est d'autant plus lente que les deux premiers termes sont distants (par exemple 1 et 60) d'autres montrent que le choix de nombres assez petits et proches (4 et 5 par exemple) permet d'obtenir des résultats similaires.

Comment vérifier l'exactitude d'un tracé ? Si l'on se place du point de vue d'un polygone régulier, il est facile de connaître l'angle au centre, et en connaissant le rayon d'en calculer la longueur de la corde

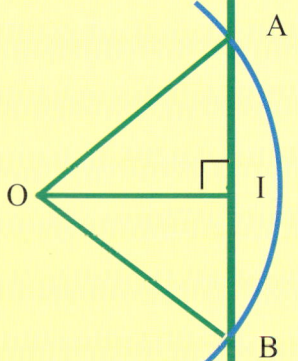

Par exemple, pour un décagone, on a :
1) l'angle au centre qui mesure 36°
2) le rayon du cercle qui vaut 21 (carreaux, cm ou autre unité de mesure...)
3) la corde [AB] qui mesure 13
d'où, l'angle de base du triangle isocèle mesure 72° (calcul à faire (180-36)/2....)
et le segment [AI] mesure 6,5 sur la figure proposée.
La trigonométrie permet d'écrire OA cos(72°)=AI
a-t-on bien l'égalité voulue ? AI devrait mesurer à peu près 6,489. L'approximation choisie donne une précision satisfaisante pour le dessin. Pourriez-vous répondre à cette question : Quelles sont les constructions qui réalisent un «vrai» polygone régulier ?

RECTANGLES

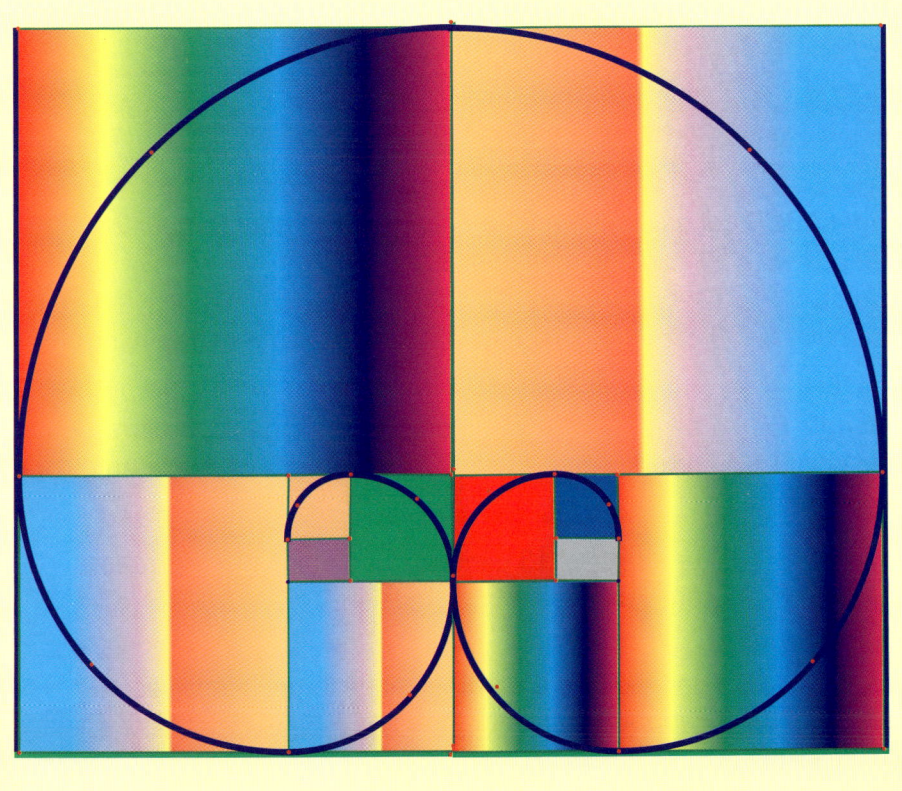

Tracé 1

Rectangles : Partage MERveilleux des côtés et Carrés

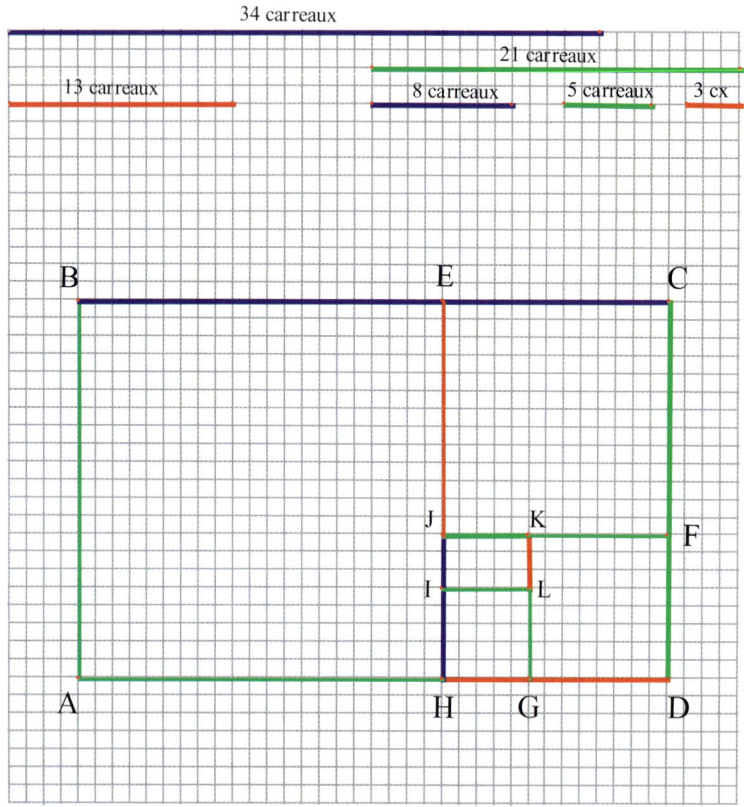

Tracez un **rectangle** ABCD qui a pour longueur **34** carreaux et pour largeur **21** carreaux.
Sur [BC], placez le point E à **21** carreaux du point B.
Sur [CD], placez le point F à **13** carreaux du point C.
Sur [AD], placez le point G à **8** carreaux du point D et le point H à **5** carreaux du point G.

Tracez le segment [EH].
On obtient le **rectangle** ECDH de longueur **21** carreaux et de largeur **13** carreaux.
Sur [EH], placez le point I à **5** carreaux du point H et le point J à **8** carreaux du point H.

Tracez le segment [JF].
On obtient le **rectangle** JFDH de longueur **13** carreaux et de largeur **8** carreaux.
Sur [JF], placez le point K à **5** carreaux du point J.

Tracez le segment [KG].
On obtient le **rectangle** JKGH de longueur **8** carreaux et de largeur **5** carreaux.
Sur [KG], placez le point L à **3** carreaux du point K.

Tracez le segment [IL].
On obtient le **rectangle** IJKL de longueur **5** carreaux et de largeur **3** carreaux.

Les points E, F, G, H, I, J, K et L sont des **P**oints **MER**veilleux. Ils partagent les côtés des **rectangles** successifs et permettent d'obtenir d'autres **rectangles**.
On remarque que tous les **rectangles** obtenus sont semblables (voir **lexique**) au rectangle ABCD.

Nota : Chaque fois que l'on obtient un nouveau **rectangle**, on obtient aussi un *carré*. Par exemple, le segment [EH], partage le **rectangle** ABCD en deux parties : le **rectangle** ECDH et le carré ABEH. De même, le segment [JF] partage le **rectangle** ECDH en deux parties : le **rectangle** JFDH et le *carré* ECFJ, etc.

Tracé 2

Rectangles : Partage MERveilleux des côtés - Spirale

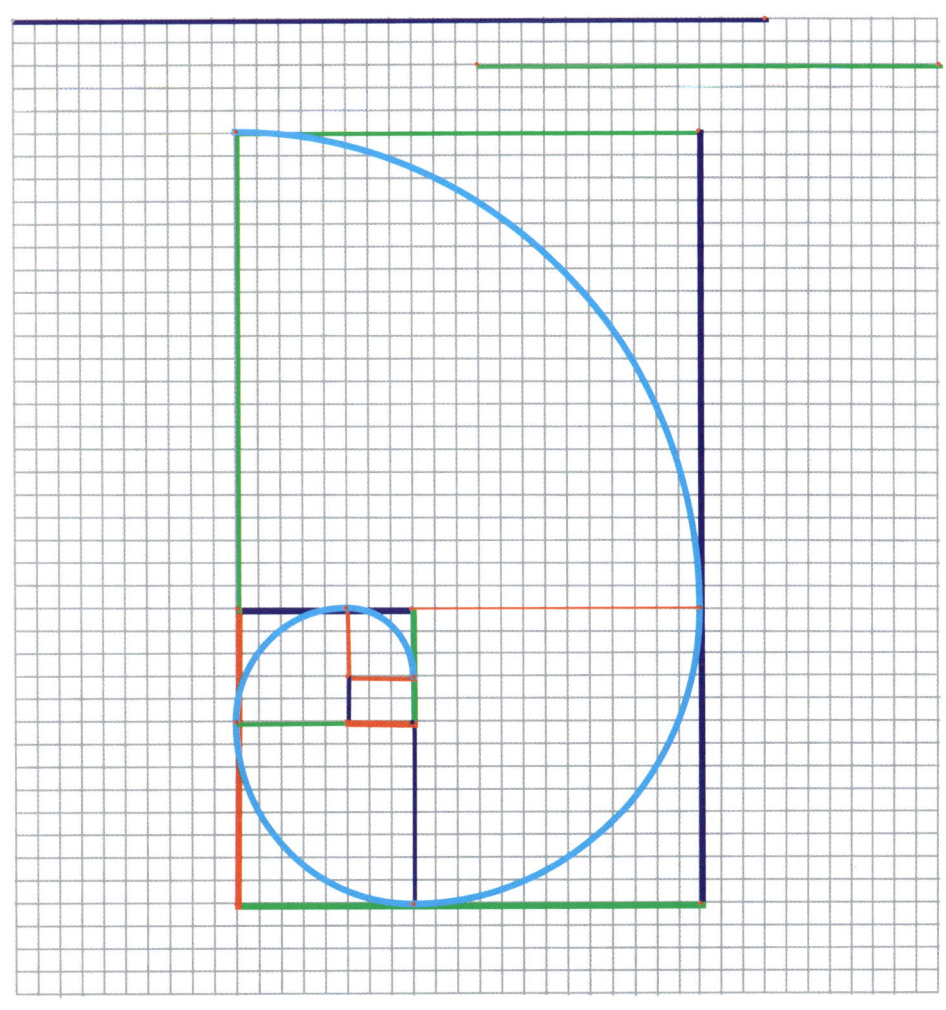

Tracez un *rectangle* ABCD de **21** carreaux de largeur et de **34** carreaux de longueur.

Sur [AB], placez le point E à **8** carreaux du point A et le point F à **13** carreaux du point A.
Sur [CD], placez le point G à **13** carreaux du point D.
Sur [AD], placez le point H à **8** carreaux du point A..

Sur [FG], placez le point I à **5** carreaux du point F et le point J à **8** carreaux du point F.
Sur [JH], placez le point K à **5** carreaux du point J.
Sur [KE], placez le point L à **3** carreaux du point K.
Sur [IL], placez le point N à **3** carreaux du point I.
Sur [JK], placez le point P à **3** carreaux du point J.
Les points E, F, G H, I, J, K, L, N et P sont des **P**oints **MER**veilleux.

Avec le compas, tracer les arcs
- de centre N et de rayon NP = **3** carreaux. Cet arc commence au point P et s'arrête au point I.
- de centre L et de rayon LI = **5** carreaux. Cet arc commence au point I et s'arrête au point E.
- de centre K et de rayon KE = **8** carreaux. Cet arc commence au point E et s'arrête au point H.
- de centre J et de rayon JH = **13** carreaux. Cet arc commence au point H et s'arrête au point G.
- de centre F et de rayon FG = **21** carreaux. Cet arc commence au point G et s'arrête au point B.

Vous venez de tracer une *spirale*.

Tracé 3

Rectangles : Partage MERveilleux des côtés

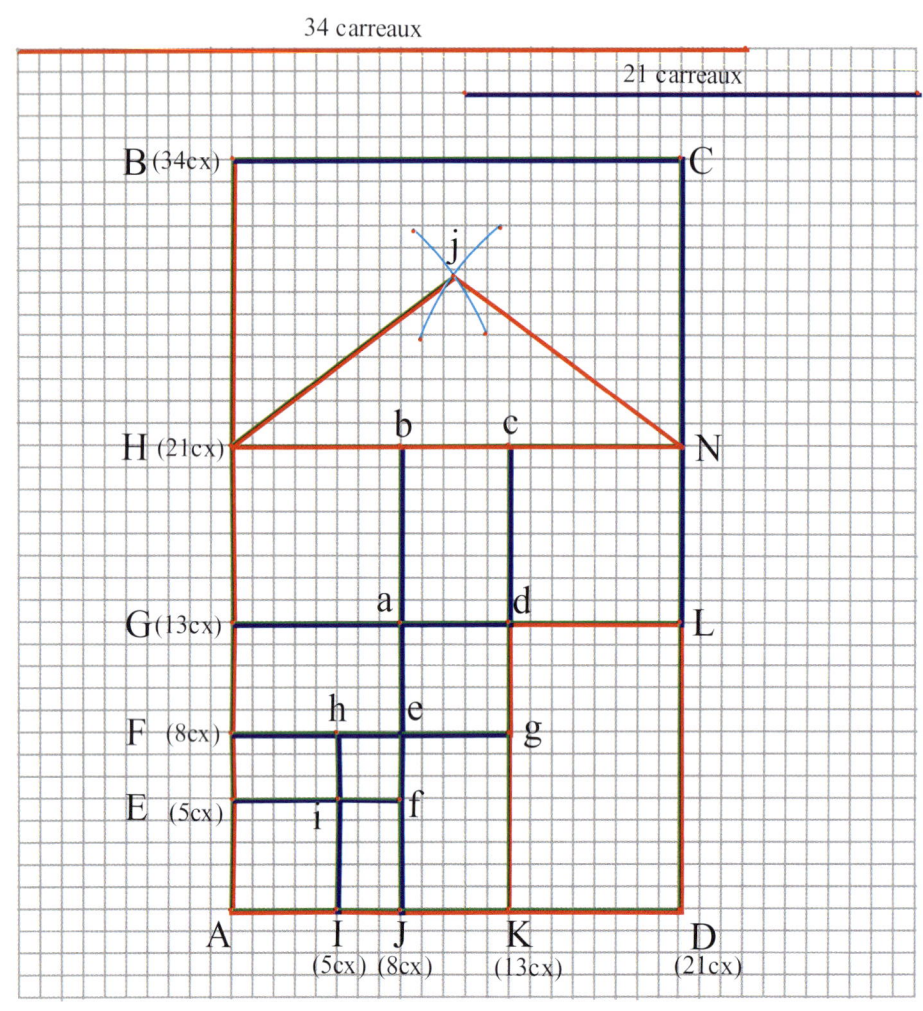

Tracez un ***rectangle*** *ABCD* de **21** carreaux de largeur et de **34** carreaux de longueur.
Sur [AB], placez le point E à **5** carreaux du point A, le point F à **8** carreaux du point A, le point G à **13** carreaux du point A et le point H à **21** carreaux du point A.
Sur [AD], placez le point I à **5** carreaux du point A, le point J à **8** carreaux du point A et le point K à **13** carreaux du point A.
Sur [CD], placez le point L à **13** carreaux du point D et le point N à **21** carreaux du point D.

Sur [GL], placez le point "a" à **8** carreaux du point G et le point "d" à **13** carreaux du point G.
Sur [HN], placez le point "b" à **8** carreaux du point H et le point "c" à **13** carreaux du point H.

Sur [a-J], placez le point "e" à **5** carreaux du point "a" et le point "f" à **8** carreaux du point "a".
Sur [d-K], placez le point "g" à **5** carreaux du point "d".
Sur [F-e], placez le point "h" à **5** carreaux du point F.
Sur [E-f], placez le point "i" à **5** carreaux du point E.

Avec le compas – ouverture 8 carreaux : L'arc de centre H coupe l'arc de centre N en "j".
Tracez le triangle H-j-N.

Les points E, F, G, H, I, J, K, L, N, «a», «b», «c», «d», «e», «f», «g», «h», et «i» sont tous des **P**oints **MER**veilleux.

Décoration 4

Rectangles : Partage MERveilleux des côtés et Carrés

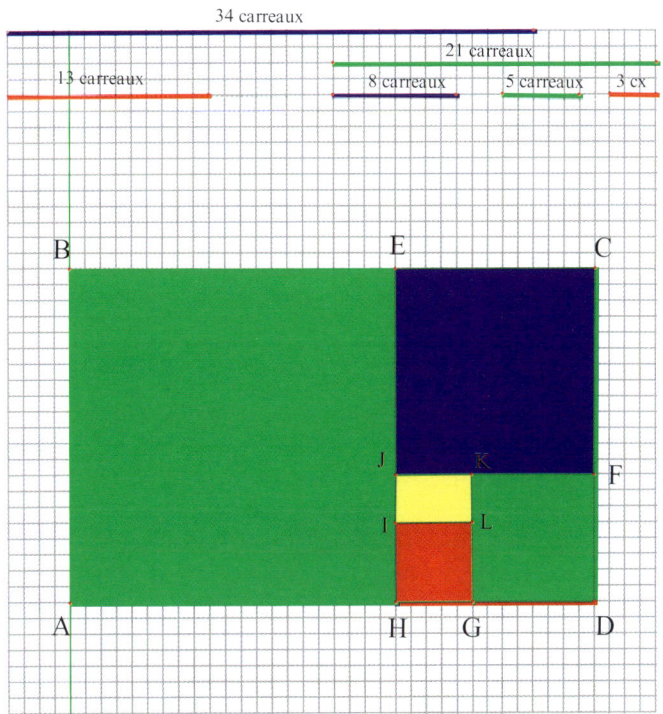

Voir le Tracé **1**

Décoration 5

Rectangles : Partage MERveilleux des côtés – Spirale

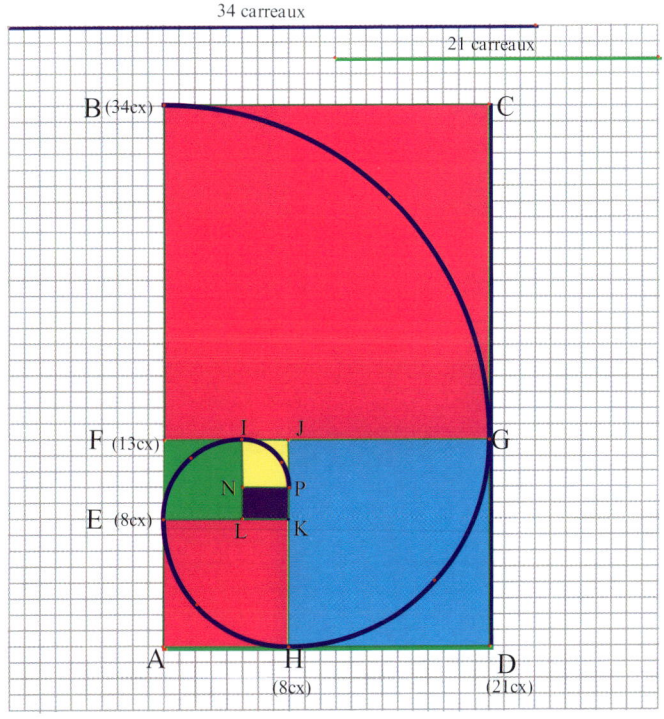

Voir le Tracé **2**

Décoration 6

Rectangles : Partage MERveilleux des côtés

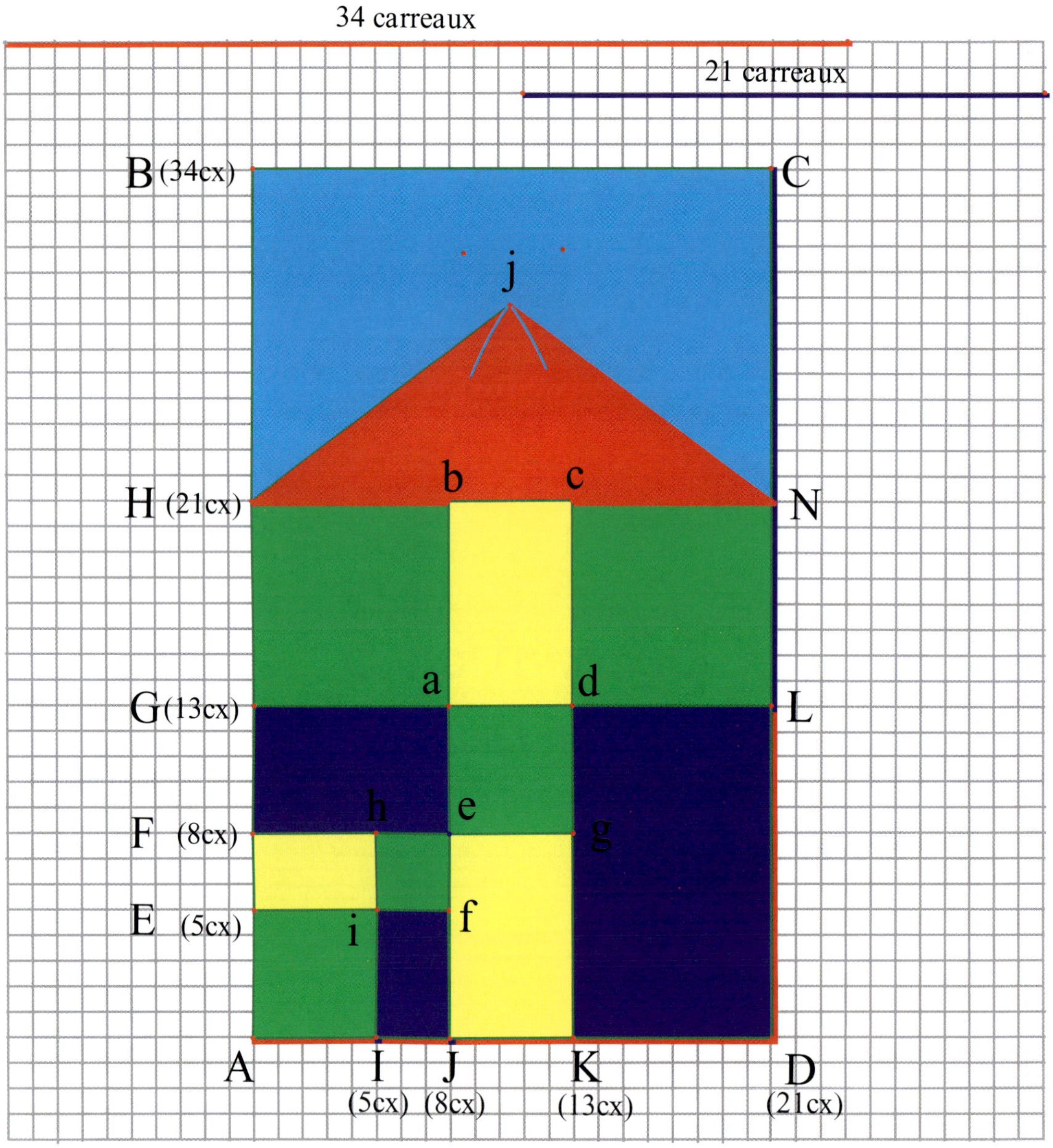

34 carreaux

21 carreaux

B (34cx)   C

j

b   c

H (21cx)   N

a   d

G (13cx)   L

h   e

F (8cx)   g

E (5cx)   i   f

A   I   J   K   D
      (5cx) (8cx)   (13cx)   (21cx)

Voir le Tracé **3**

10

PENTAGONE

Tracé 7

Pentagone (5 côtés) : Tracé dans un carré

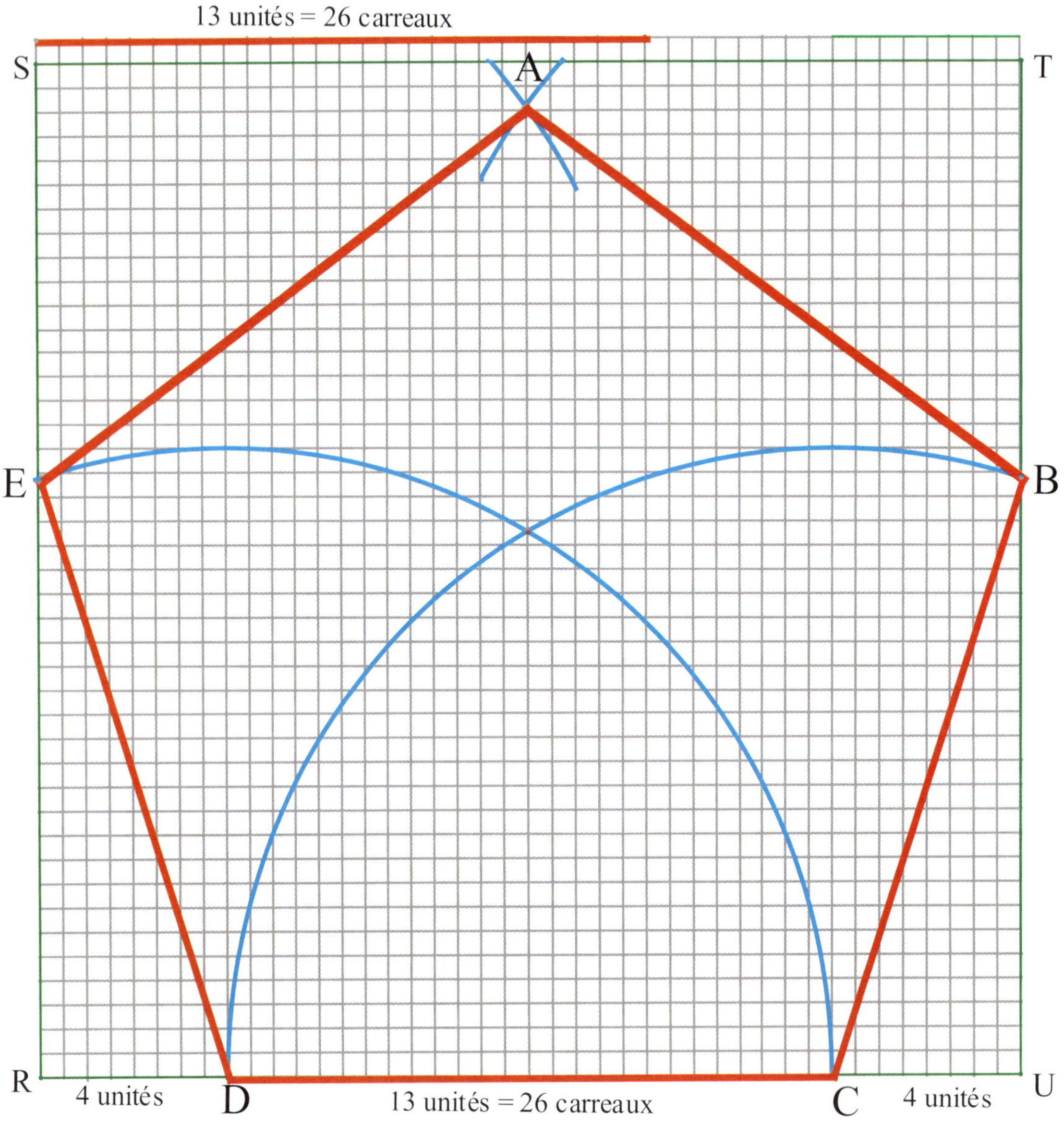

Tracez un carré RSTU de **21** unités de côté (**une unité = 2 carreaux**) donc de 42 carreaux de côté.
Sur [RU] placez le point D à 4 unités (= 8 carreaux) du point R et le point C à 4 unités du point U.
[DC] = **13** unités (= 26 carreaux).
[DC] est le côté du ***pentagone régulier*** à construire.

Avec le compas – ouverture = 26 carreaux
L'arc de centre D coupe [RS] au point E. L'arc de centre C coupe [TU] au point B.
Les arcs de centre B et E se coupent en A.

Le polygone ***ABCDE***, qui a cinq côtés égaux, est un ***pentagone régulier***.

Tracé 8

Pentagone (5 côtés) : Partage MERveilleux des côtés

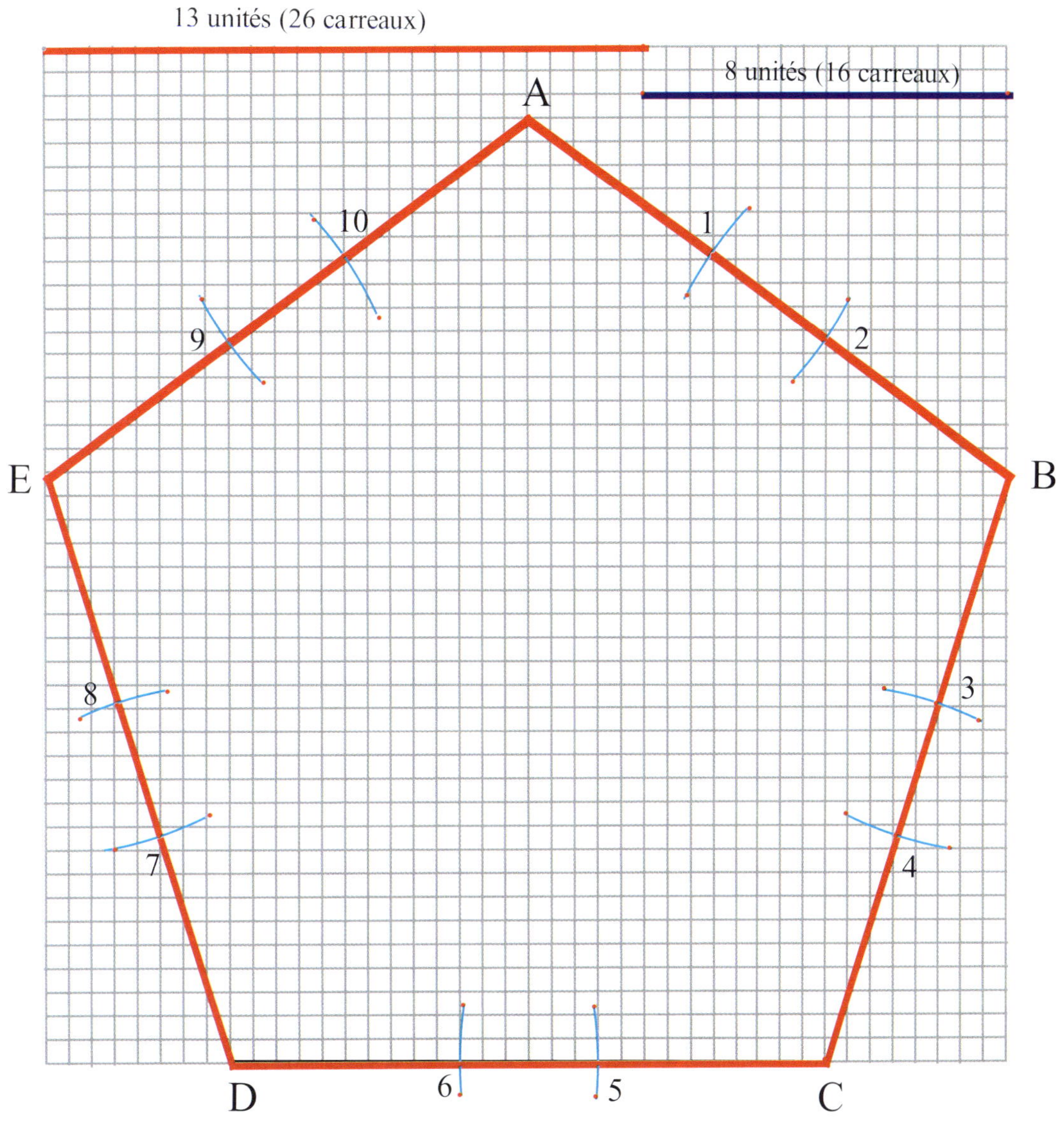

Construisez le *pentagone régulier* ABCDE de 13 unités de côté. Chaque unité = 2 carreaux, donc chaque côté = 26 carreaux (voir le Tracé **7**).

Avec le compas : À partir des sommets (A, B, C, D et E) du *pentagone régulier*, tracez un arc de 8 unités (soit 16 carreaux).

À partir du point :

- A, tracez un arc de rayon **8** unités. Cet arc coupe [AB] au point 2 et [AE] au point 9.
- B, tracez un arc de rayon **8** unités. Cet arc coupe [AB] au point 1 et [BC] au point 4.
- C, tracez un arc de rayon **8** unités. Cet arc coupe [BC] au point 3 et [CD] au point 6.
- D, tracez un arc de rayon **8** unités. Cet arc coupe [CD] au point 5 et [DE] au point 8.
- E, tracez un arc de rayon **8** unités. Cet arc coupe [DE] au point 7 et [EF] au point 10.

Les points 1 à 10 sont les **P**oints **MER**veilleux du *pentagone régulier*.

Tracé 9

Pentagone - Etoiles curvilignes

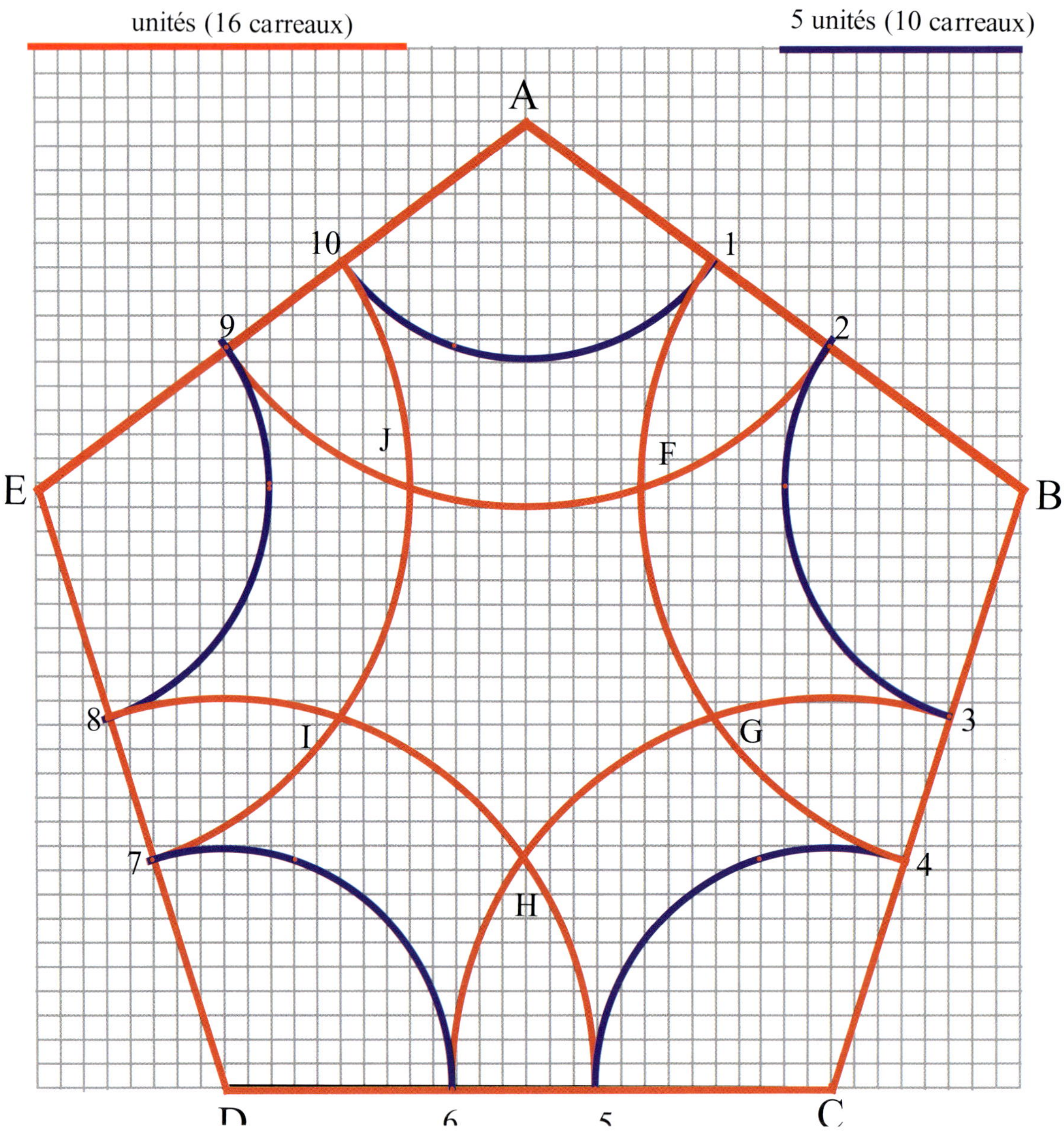

unités (16 carreaux)   5 unités (10 carreaux)

Voir le Tracé **8**

Avec le compas : À partir des sommets (A, B, C, D et E) du ***pentagone régulier***, tracez :

- d'abord, un arc de rayon de **5** unités (soit 10 carreaux) – en bleu sur la figure,
- puis, un arc de rayon de **8** unités (soit 16 carreaux) – en rouge sur la figure.

Tracé 10

Pentagone - Rosace 1

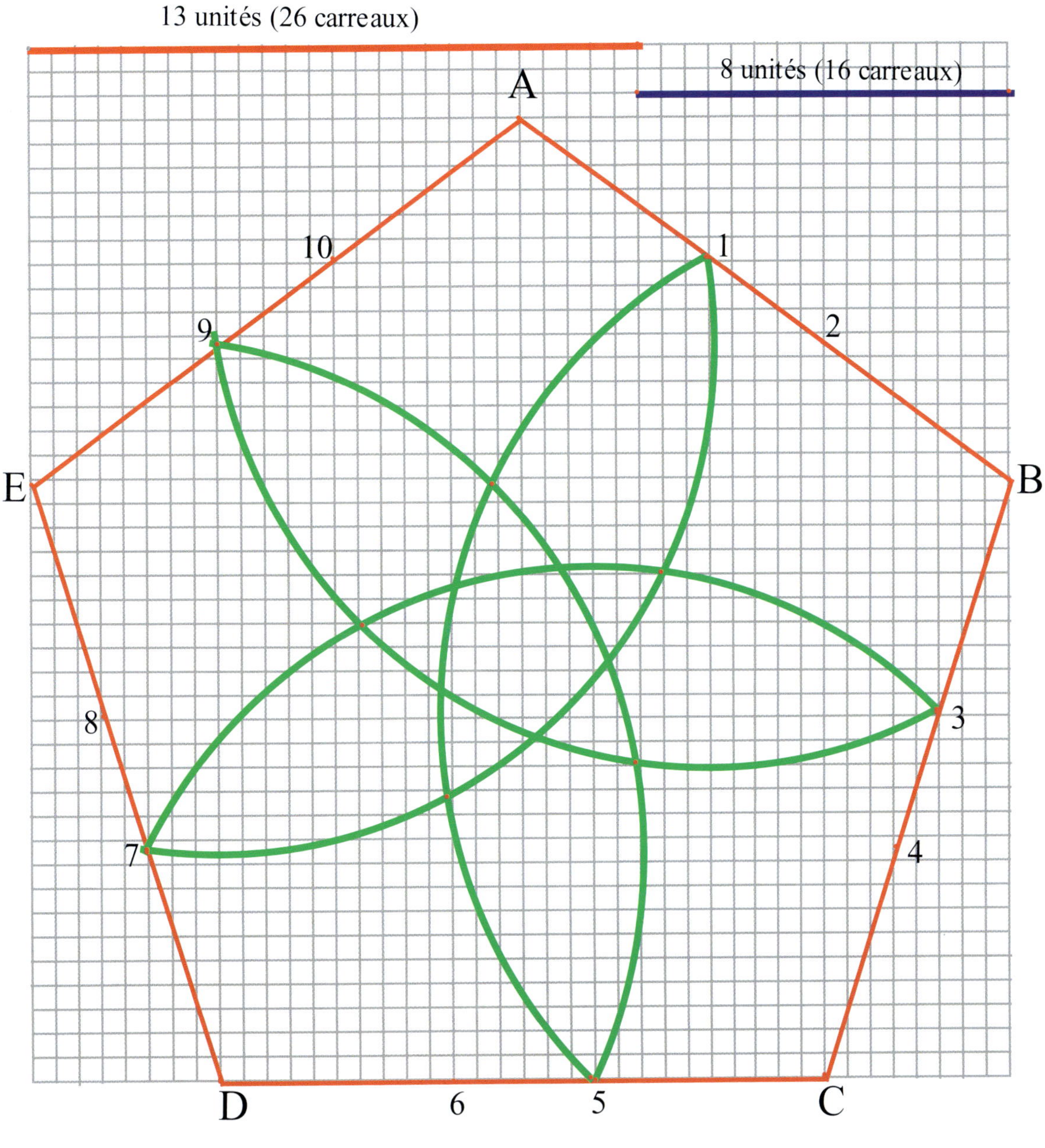

13 unités (26 carreaux)

8 unités (16 carreaux)

Voir le Tracé **8**

Avec le compas : A partir des **P**oints **MER**veilleux 1, 3, 5, 7 et 9 du **pentagone régulier**, tracez un arc de rayon 1 - 3 (pointe sèche sur le point 1 et mine sur le point 3), puis complétez la figure.

Tracé 11

Pentagone - Rosace 1 bis

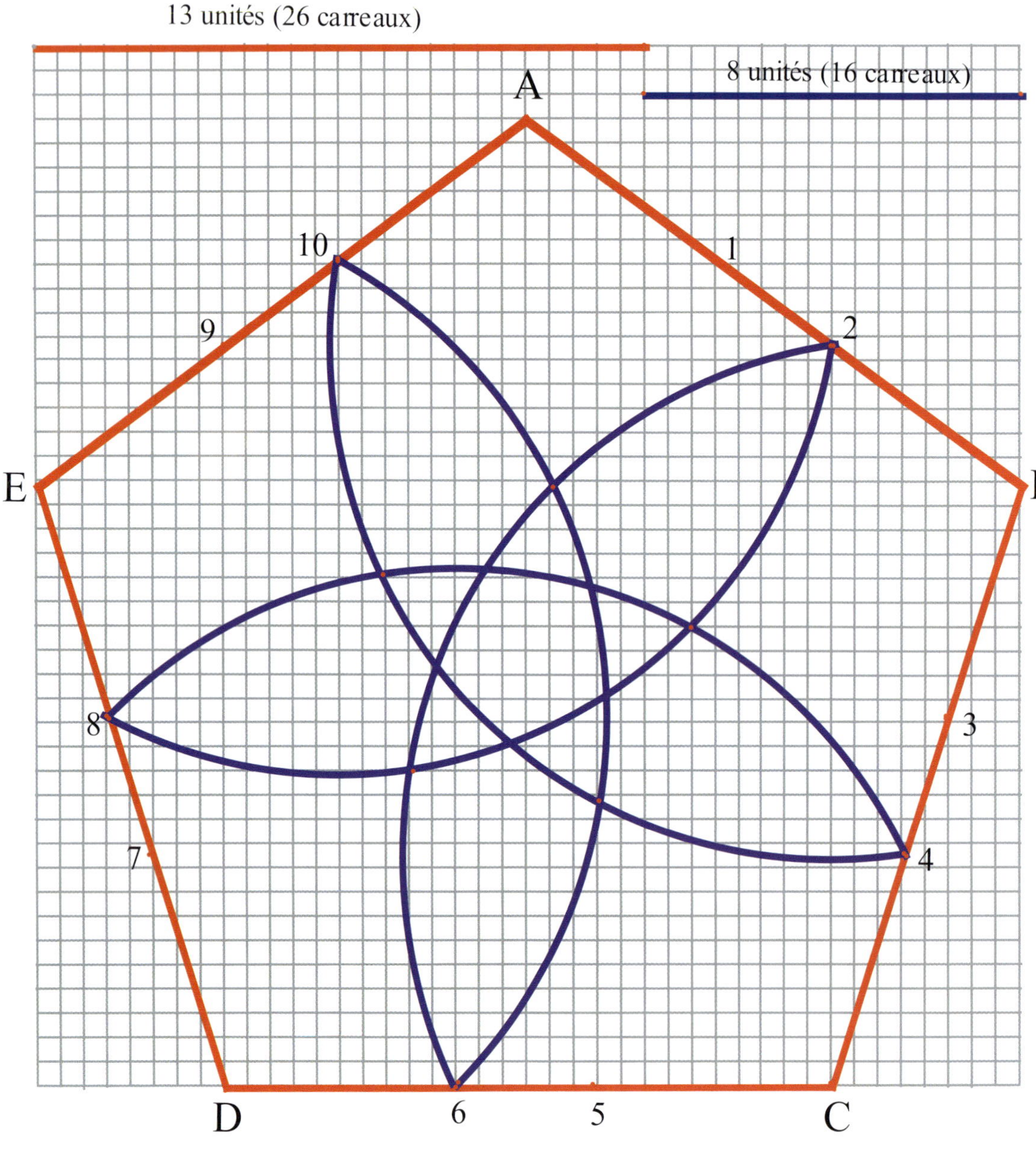

13 unités (26 carreaux)

8 unités (16 carreaux)

Voir le Tracé **8**

Avec le compas :

A partir des **P**oints **MER**veilleux 2, 4, 5, 8 et 10 du **pentagone régulier**, tracez un arc de rayon [2 - 4] (pointe sèche sur le point 2 et mine sur le point 4), puis complétez la figure.

Tracé 12

Pentagone - Rosace 2

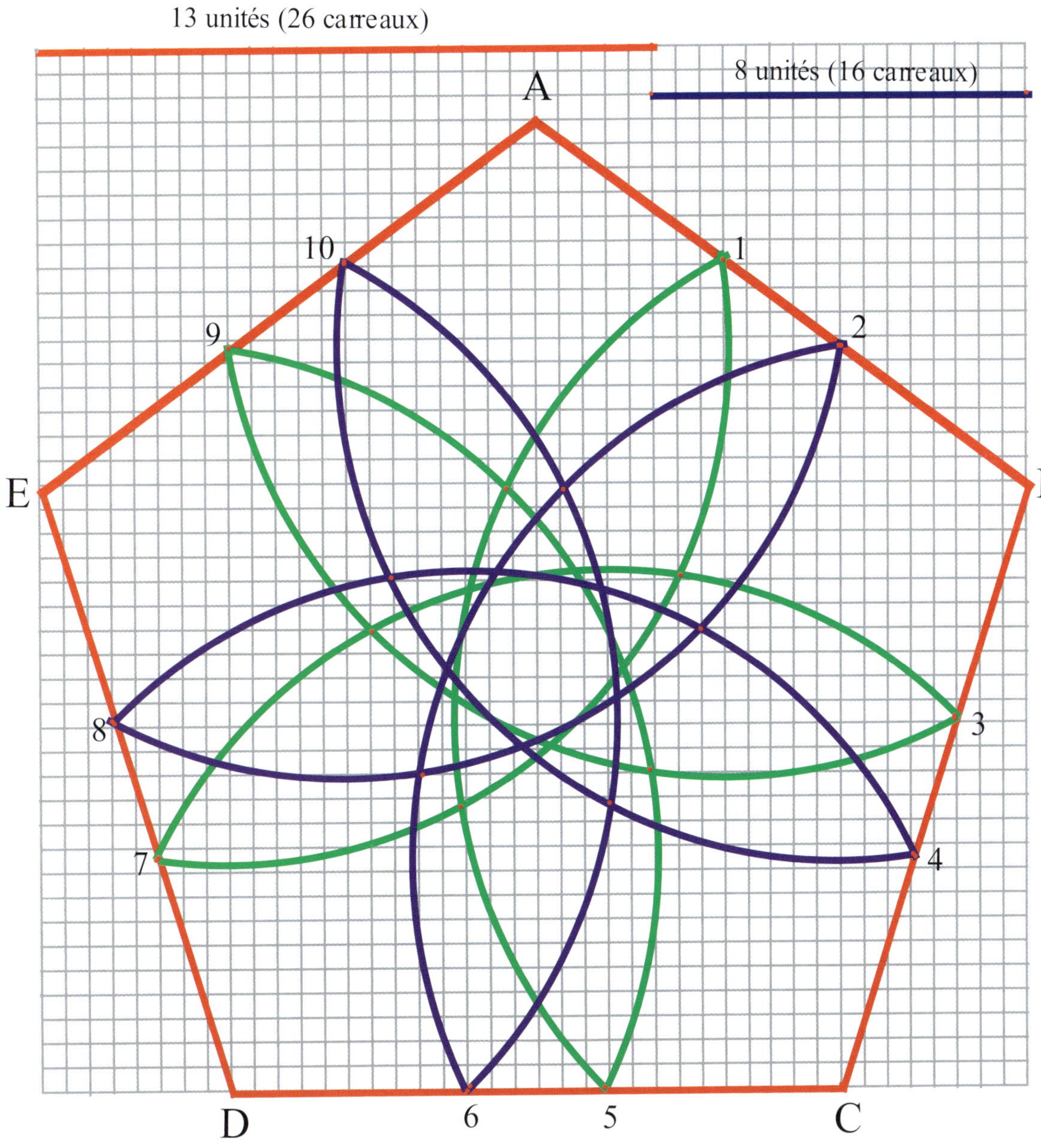

13 unités (26 carreaux)

8 unités (16 carreaux)

Voir les Tracés **10 et 11**

Avec le compas, réalisez la double représentation :

- A partir des **P**oints **MER**veilleux 1, 3, 5, 7 et 9 du **pentagone régulier**, tracez un arc de rayon 1 - 3 (pointe sèche sur le point 1 et mine sur le point 3). -en vert sur la figure

- A partir des **P**oints **MER**veilleux 2, 4, 6, 8 et 10 du **pentagone régulier**, tracez un arc de rayon 2 - 4 (pointe sèche sur le point 2 et mine sur le point 4). - en bleu sur la figure

Tracé 13

Pentagone : Rosace 3

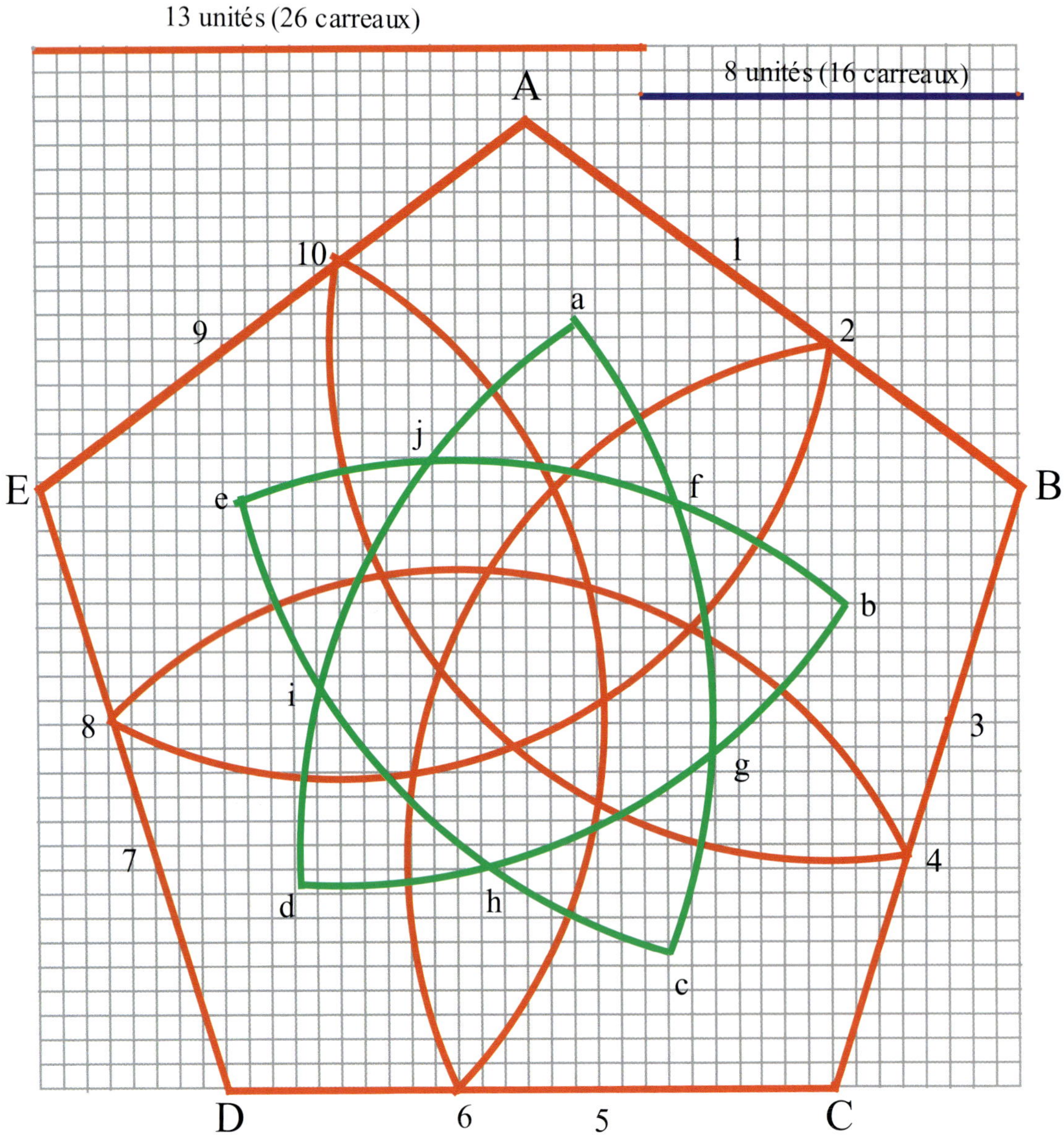

13 unités (26 carreaux)

8 unités (16 carreaux)

Voir le Tracé **8**

Avec le compas :

- À partir des **P**oints **MER**veilleux 2, 4, 6, 8 et 10 du *pentagone régulier*, tracez un arc de rayon [2 - 10] (pointe sèche sur le point 2 et mine sur le point 10). - en rouge sur la figure.

- À partir des **P**oints **MER**veilleux 2, 4, 6, 8 et 10 du *pentagone régulier*, tracez un arc de rayon [2 - 9] (pointe sèche sur le point 2 et mine sur le point 9). - en vert sur la figure.

Tracé 14

Pentagone – Rosace 4

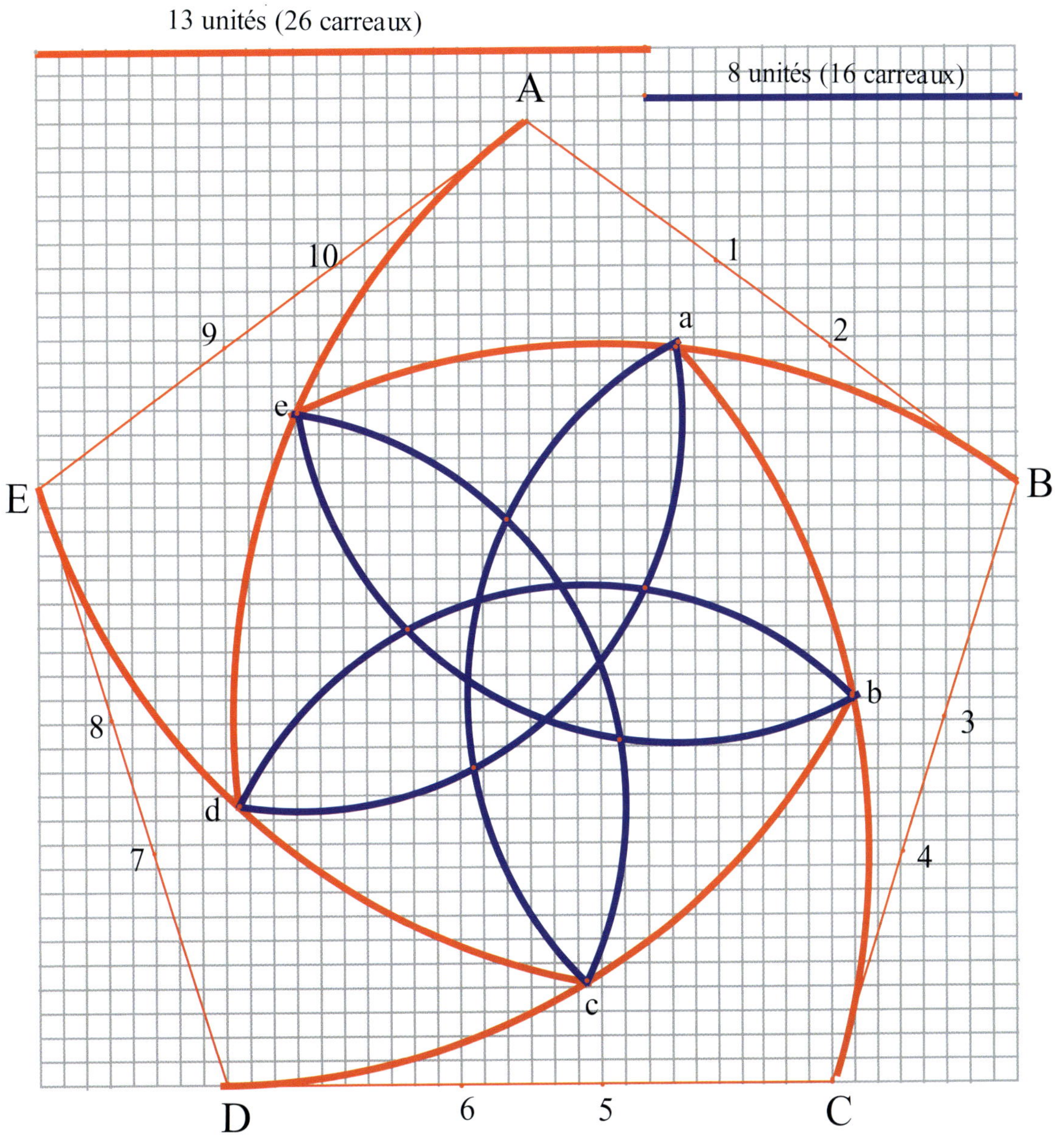

13 unités (26 carreaux)
8 unités (16 carreaux)

Voir le Tracé **8**

Avec le compas :

- À partir des **P**oints **MER**veilleux 1, 3, 5, 7 et 9 du ***pentagone régulier***, tracez un arc de rayon [1 - E] (pointe sèche sur le point 1 et mine sur le point E). - en rouge sur la figure.
On obtient les points "a", "b", "c", "d", et "e".

- À partir des points "a", "b", "c", "d" et "e", tracez un arc de rayon [a - e] (pointe sèche sur le point "a" et mine sur le point "e"). - en bleu sur la figure.

Tracé 15

Pentagone – Rosace 5

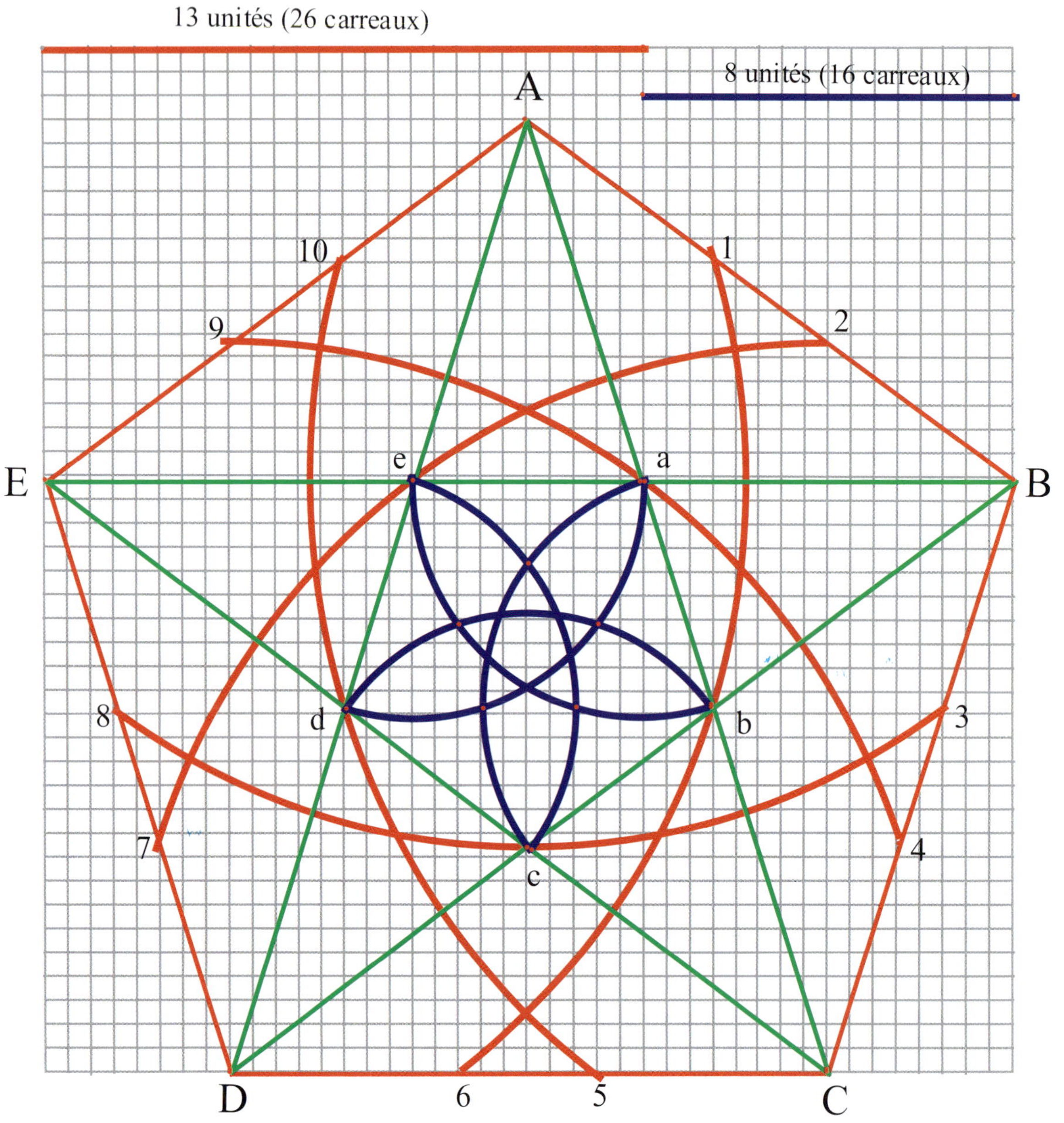

Voir le Tracé 8

Joindre les points A, D, B, E, C et A. On obtient un **pentagone étoilé**.

Avec le compas :

- À partir des sommets (A, B, C, D et E) du **pentagone régulier**, tracez un arc de rayon [A - 8] (pointe sèche sur le point A et mine sur le **P**oint **MER**veilleux 8). Ces arcs coupent les côtés du **pentagone étoilé** aux points "a", "b", "c", "d", et "e". - en rouge sur la figure.

- À partir des points "a", "b", "c", "d" et "e", tracez un arc de rayon a - e (pointe sèche sur le point "a" et mine sur le point "e"). - en bleu sur la figure.

Tracé 16

Pentagone et Pentagones etoilés

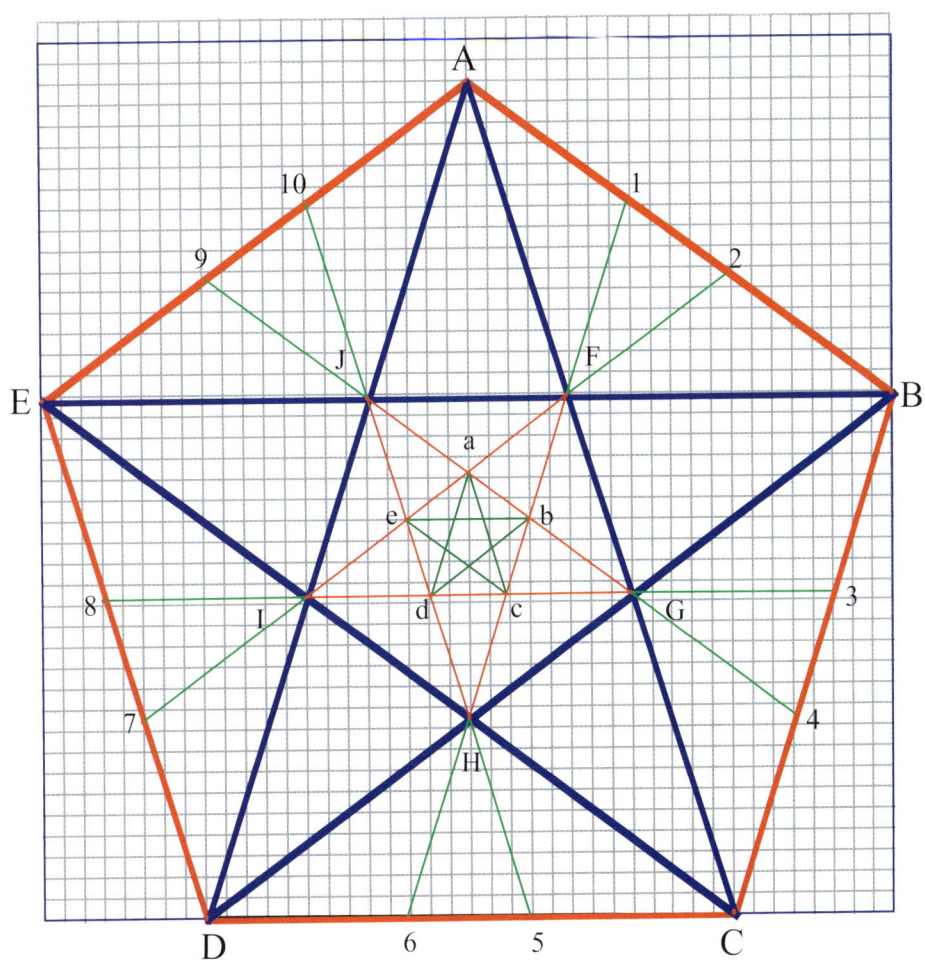

Tracez le **pentagone régulier** ABCDE dans un carré de **21** unités de côté soit **42** carreaux (voir le Tracé **8**).

Tracer les diagonales AD, DB, BE, EC et CA. On obtient le **pentagone étoilé** ADBECA.

On remarque :
Chaque diagonale du **pentagone régulier**, [EB] par exemple, a pour valeur le côté du carré soit **21** unités.

Le côté du **pentagone régulier** a pour valeur **13** unités soit **26** carreaux.
Les diagonales se croisent aux points F, G, H, I et J.
FGHIJ est aussi un **pentagone régulier**.

La droite (IF), qui passe par les points I et F, coupe le pentagone aux points 2 et 7.
La droite (IG), qui passe par les points I et G, coupe le pentagone aux points 3 et 8.
La droite (JG), qui passe par les points J et G, coupe le pentagone aux points 4 et 9.
La droite (JH), qui passe par les points J et H, coupe le pentagone aux points 5 et 10.
La droite (FH), qui passe par les points F et H, coupe le pentagone aux points 1 et 6.

Les points 1, 2, 3, 4, 5, 6, 7, 8, 9 et 10 sont les **P**oints **MER**veilleux du **pentagone régulier**. C'st une seconde méthode pour les obtenir. (voir aussi le tracé 8)

FHJGIF est un autre **pentagone étoilé**. Ses côtés se coupent aux points "a", "b" , "c", "d" et "e".
a – c – e – b – d - a est encore un **pentagone étoilé**.

Tracé 17

Pentagones et Pentagones etoilés

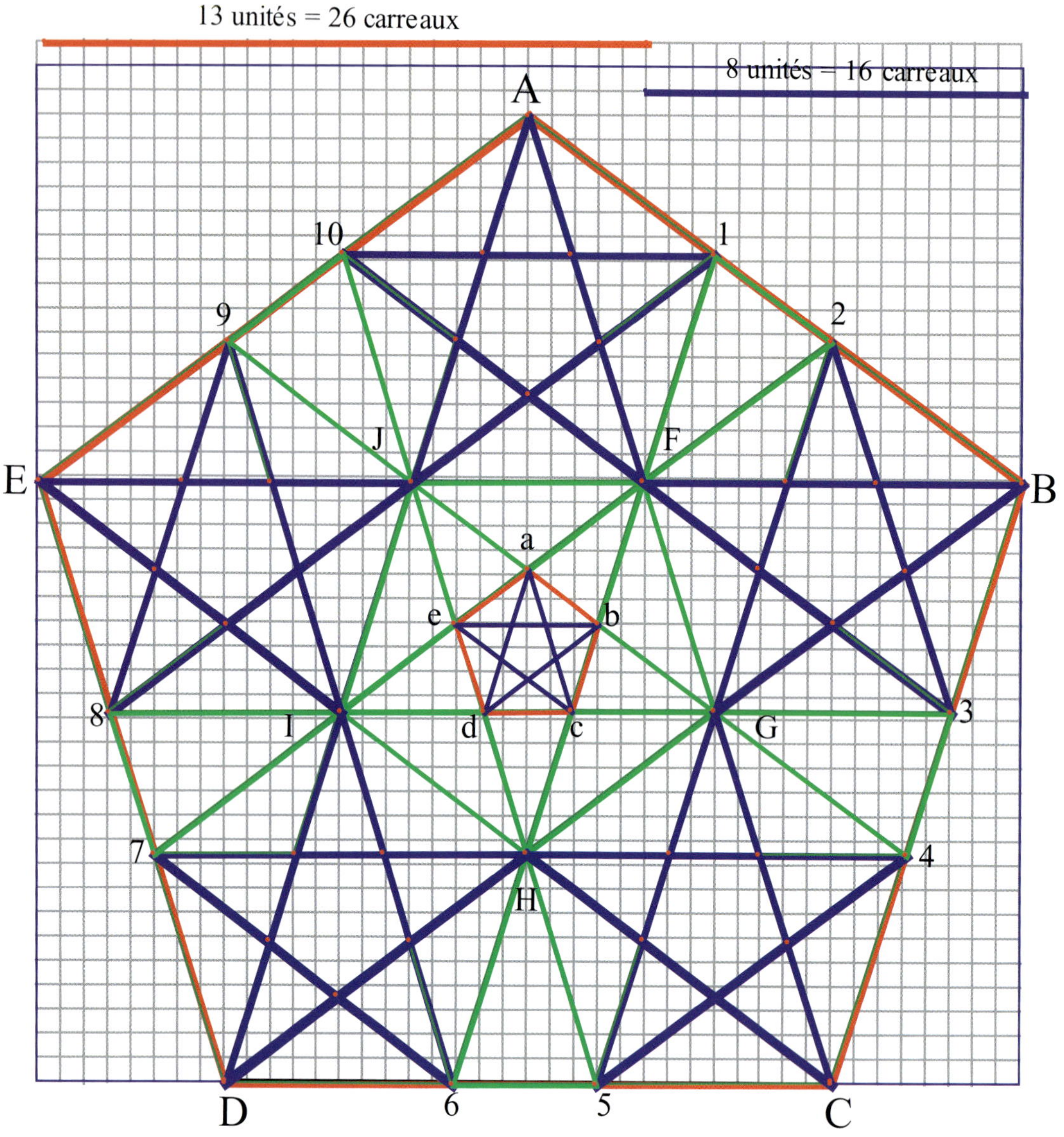

Tracez le **pentagone régulier** ABCDE dans un carré de **21** unités (**42** carreaux) de côté (voir les tracés **7** et **8**).
Tracez le **pentagone étoilé** ADBECA.
Placez les **P**oints **MER**veilleux 1, 2, 3, 4, 5, 6, 7, 8, 9 et 10.   *Voir les Tracés **8** ou **16***

On obtient six **pentagones réguliers** égaux entre eux : A-1-F-J-10, B-3-G-F-2, C-5-H-G-4, D-7-I-H-6, E-9-J-I-8 et le **pentagone régulier** FGHIJ.

Dans chacun de ces six **pentagones réguliers**, tracez un **pentagone étoilé**.
Dans le **pentagone régulier** FGHIJ, les diagonales se coupent aux points "a", "b", "c", "d" et "e".
On obtient un **pentagone régulier** a – b – c – d - e .
Les diagonales du **pentagone régulier** a – b – c – d - e forment un **pentagone étoilé** central.

Tracé 18

Pentagone etoilé en relief

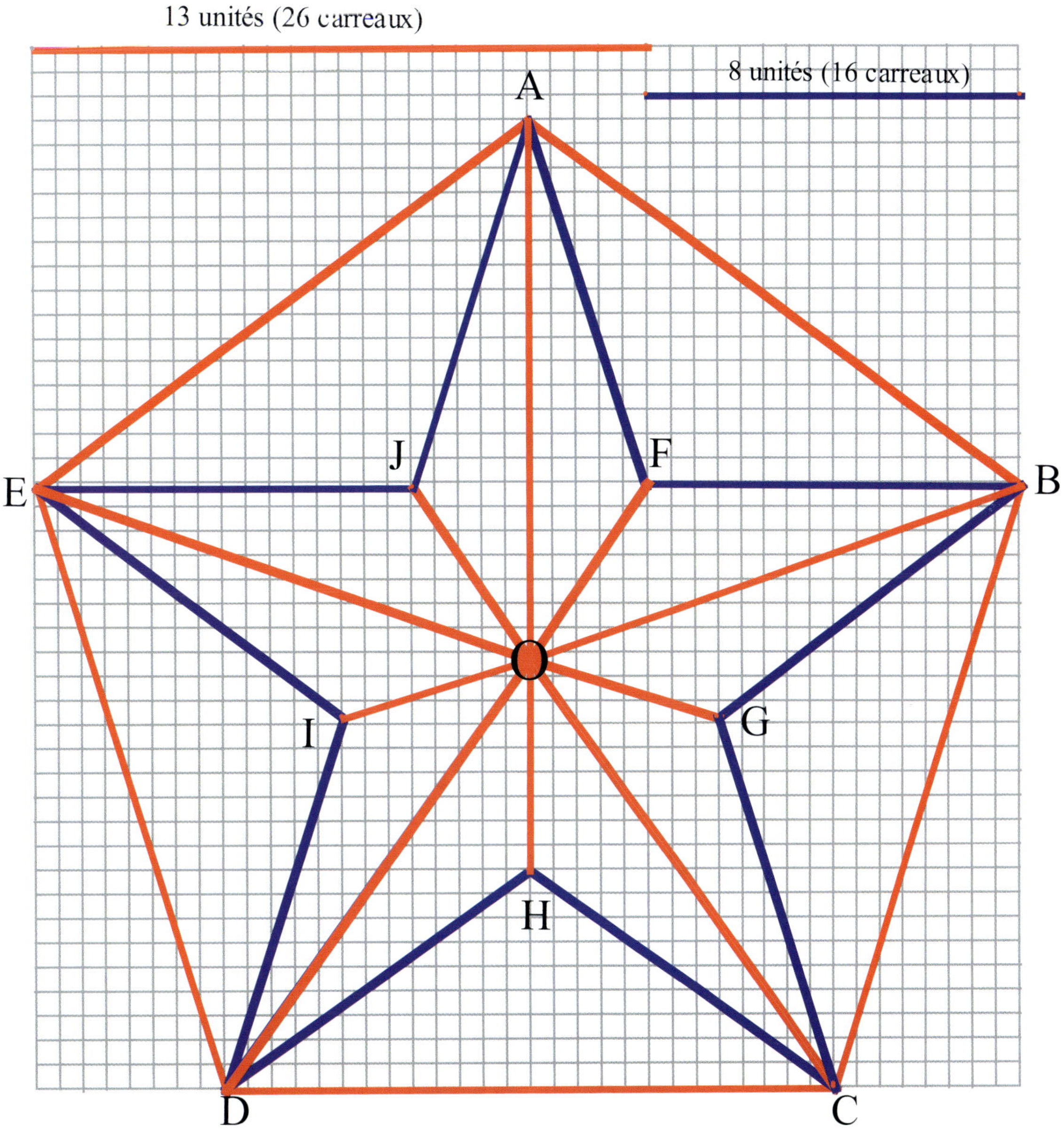

13 unités (26 carreaux)

8 unités (16 carreaux)

Tracez le **pentagone régulier** ABCDE.

Tracez le **pentagone étoilé** ADBECA.

[AD] coupe [EB] au point J et [EC] au point I.
[AC] coupe [EB] au point F et [BD] au point G.
[EC] coupe [BD] au point H.

Tracez le **pentagone étoilé** comme indiqué sur la figure.

Décoration 19

Pentagone - Pentagones et Triangles

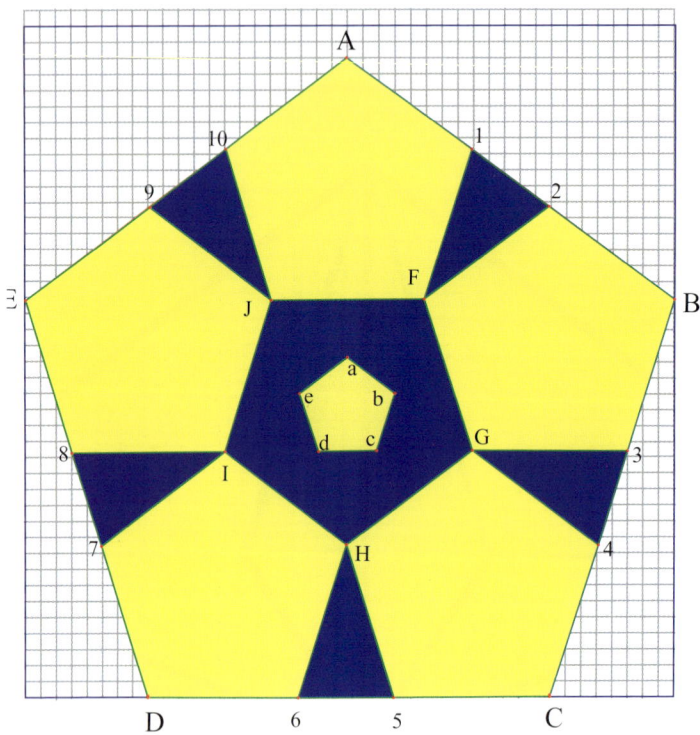

Voir le Tracé **16**

Décoration 20

Pentagone - Pentagone étoilé

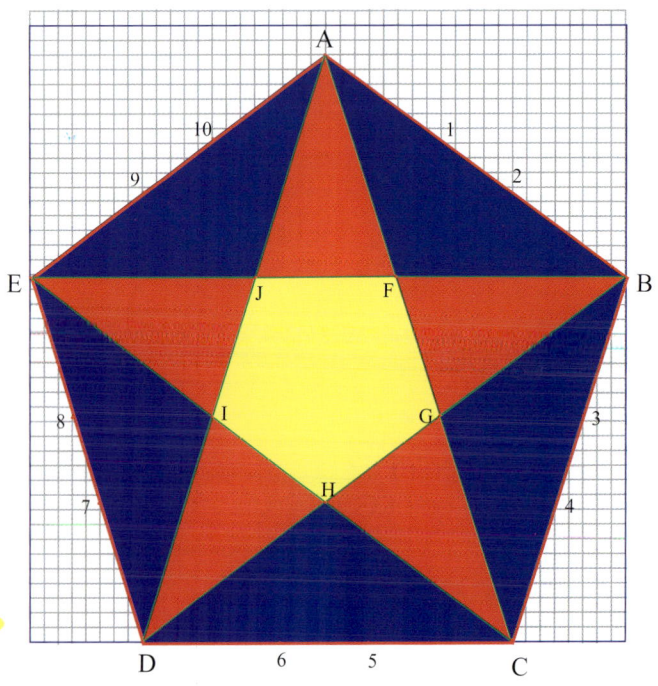

Voir le Tracé **16**

Décoration 21

Pentagone - Pentagones étoilés et Triangles

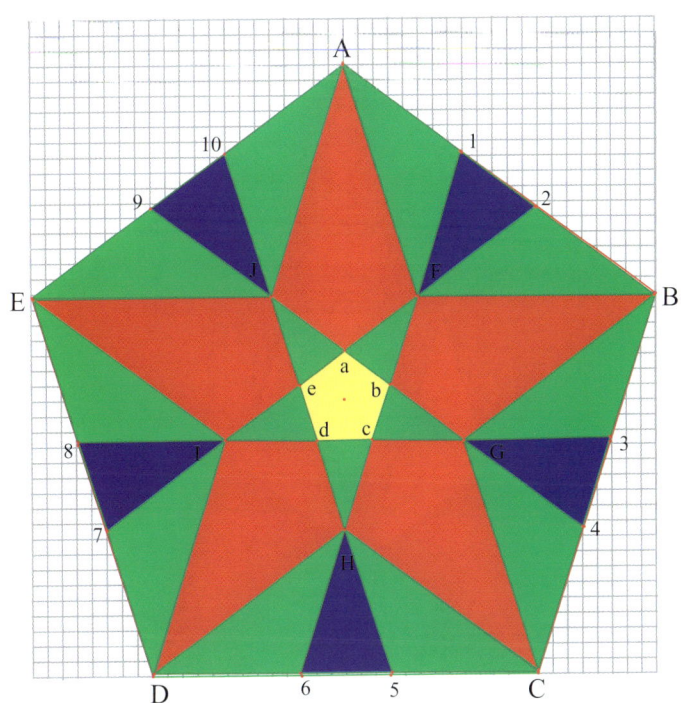

Voir le Tracé **16**

Décoration 22

Pentagone - Pentagone étoilé central et Triangles

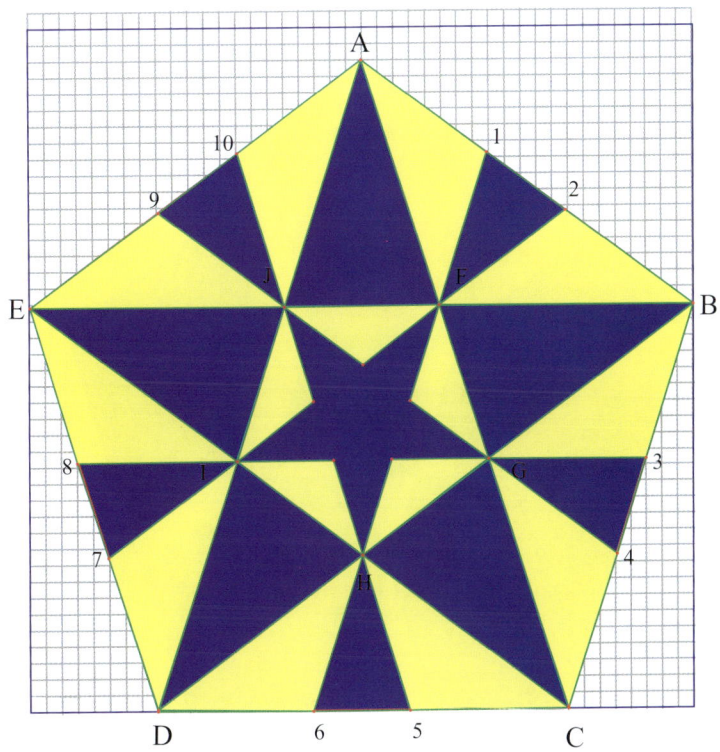

Voir le Tracé **16**

25

Décoration 23

Pentagone - Pentagones étoilés et Triangles

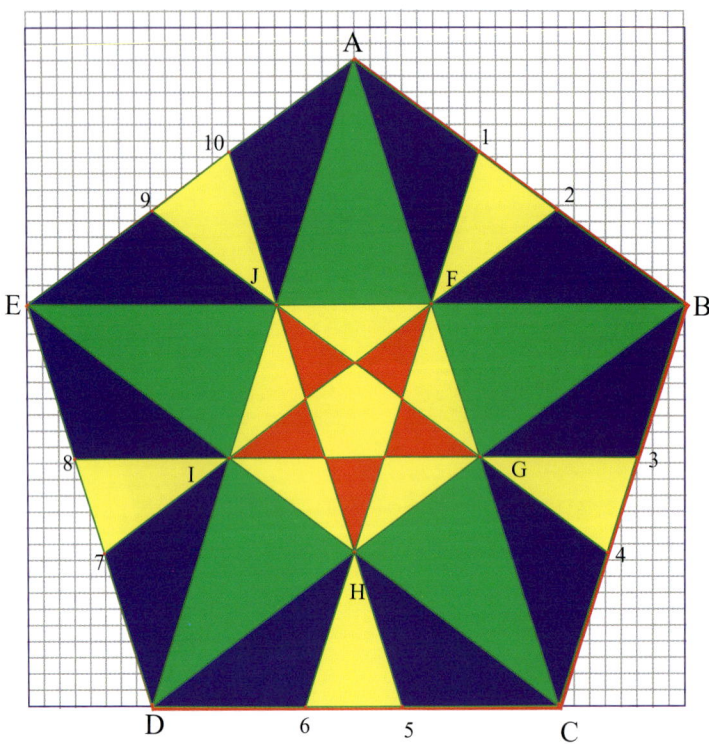

Voir le Tracé **16**

Décoration 24

Pentagone - Pentagones étoilés et Triangles

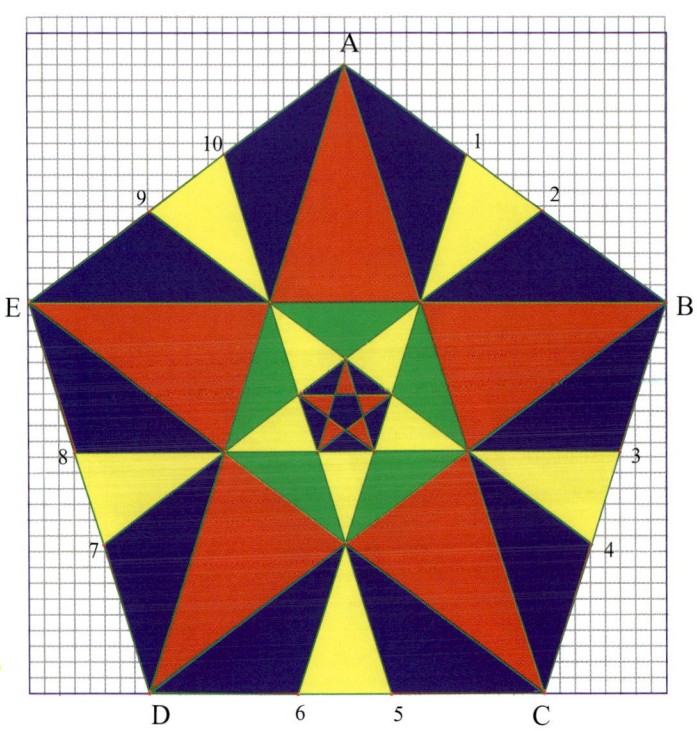

Voir le Tracé **16**

Décoration 25

Pentagone : Pentagones et Flèches

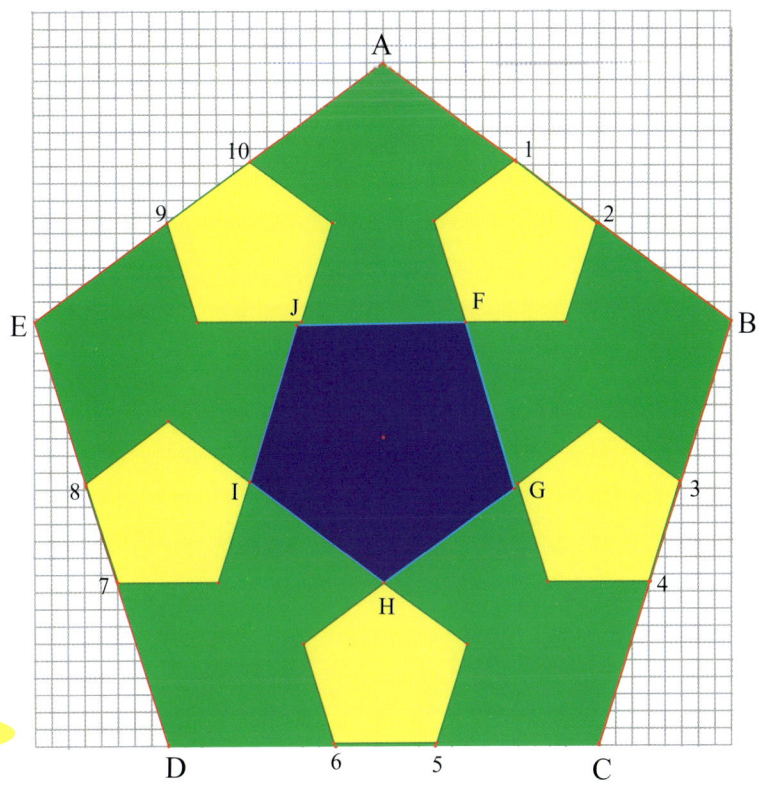

Voir le Tracé **17**

Décoration 26

Pentagone et Pentagones étoilés

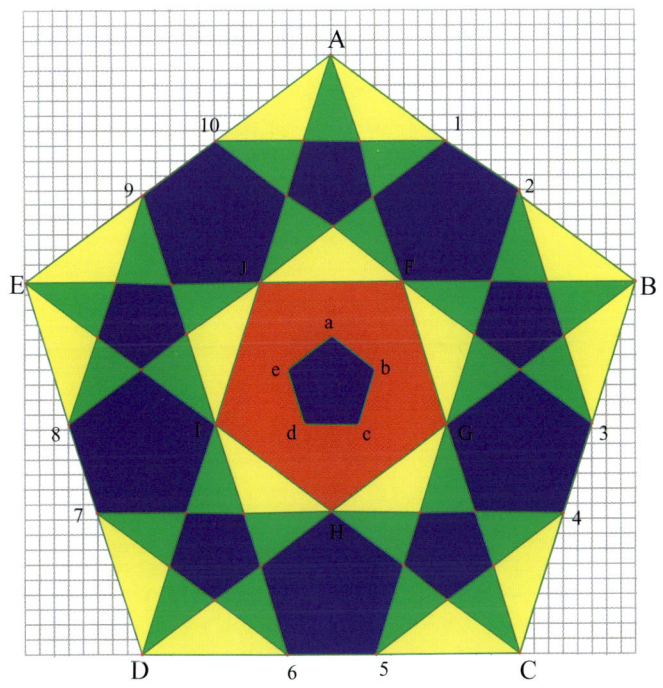

Voir le Tracé **17**

Décoration 27

Pentagone et Pentagones étoilés

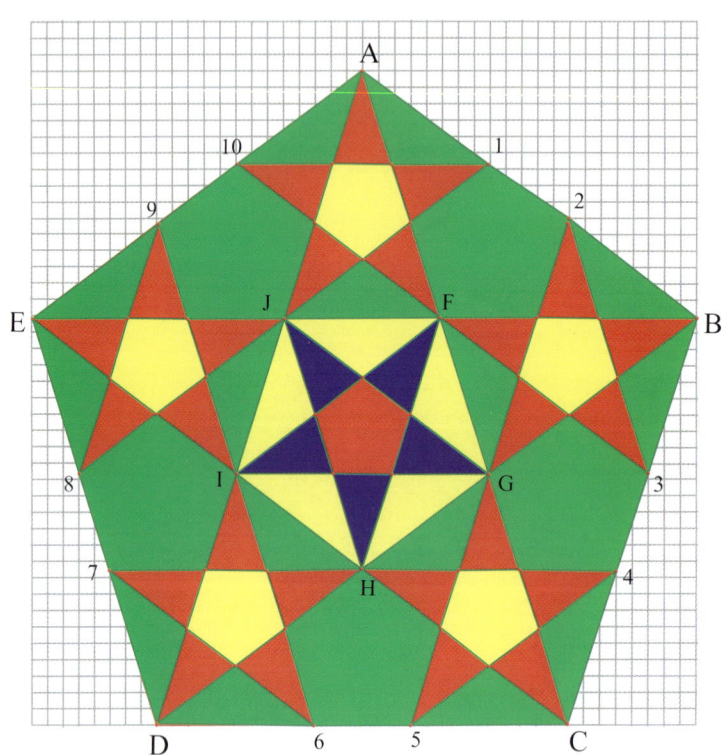

Voir le Tracé **17**

Décoration 28

Pentagones et Pentagone étoilés

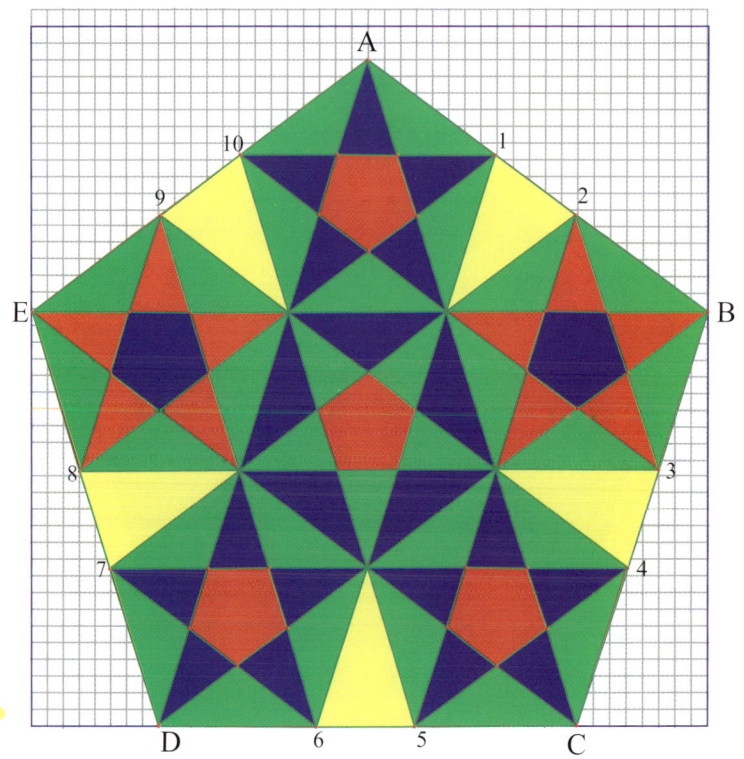

Voir le Tracé **17**

Décoration 29

Pentagone étoilé en relief

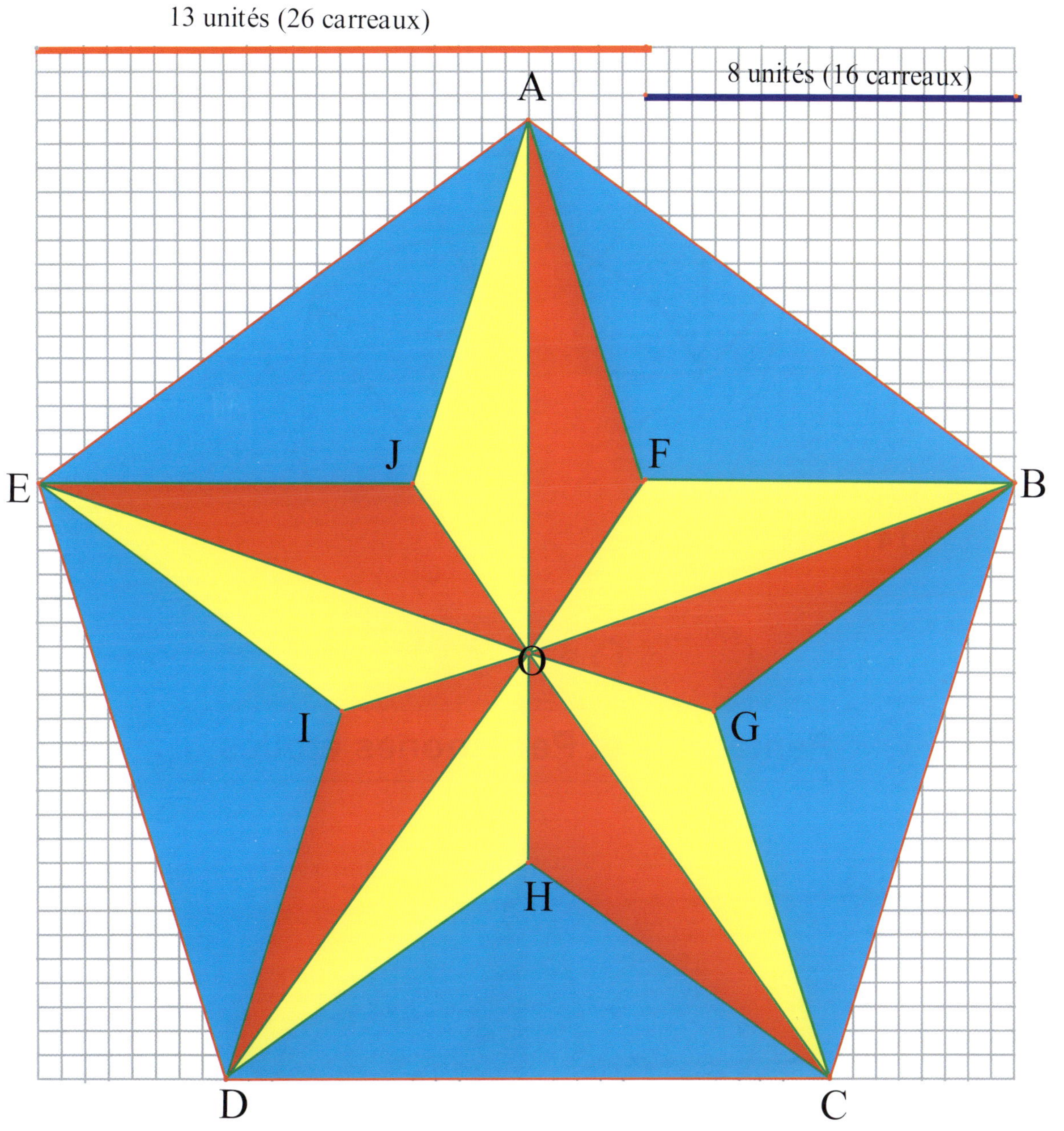

13 unités (26 carreaux)

8 unités (16 carreaux)

Voir le Tracé **18**

Défi 30

Pentagone : Pentagones et Rosaces

Pouvez-vous réaliser cette figure sans l'aide de carreaux ?

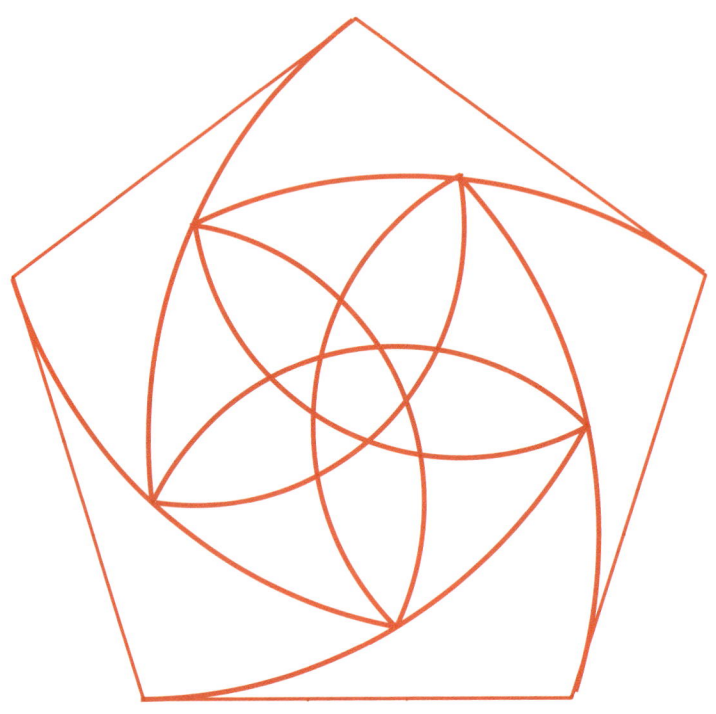

Voir le Tracé **14**

Défi 31

Pentagone et Pentagones étoilés

Pouvez-vous réaliser cette figure sans l'aide de carreaux ?

Voir le Tracé **18**

HEXAGONE

Tracé 32

Hexagone (6 côtés) : Tracé et Partage MERveilleux des côtés

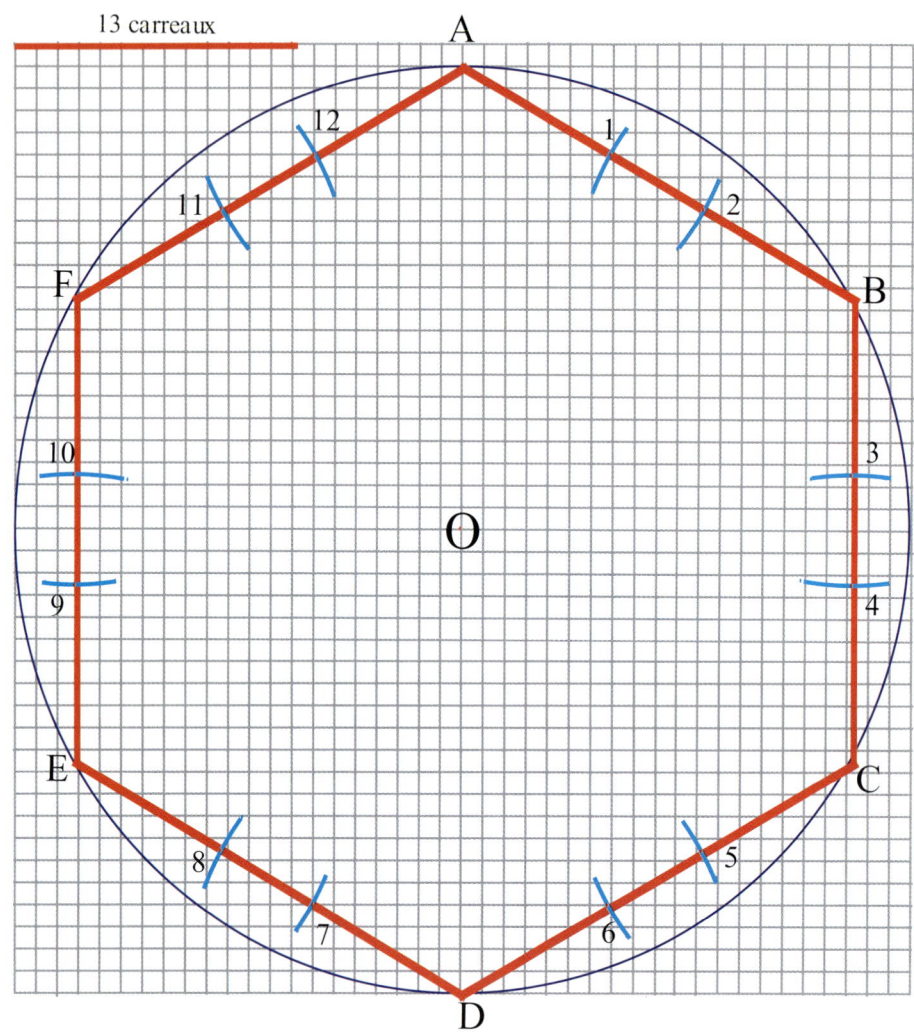

Dans un *hexagone régulier*, le côté est égal au rayon du cercle circonscrit.

Tracez un cercle de centre O de rayon OA = **21** carreaux.
A partir du point A, portez six fois le rayon OA sur le cercle.
On obtient l'*hexagone régulier* ABCDEF.

Avec le **compas** : A partir
- de A, tracez un arc de rayon **13** carreaux. Cet arc coupe [AB] au point 2 et [AF] au point 11.
- de B, tracez un arc de rayon **13** carreaux. Cet arc coupe [AB] au point 1 et [BC] au point 4.
- de C, tracez un arc de rayon **13** carreaux. Cet arc coupe [BC] au point 3 et [CD] au point 6.
- de D, tracez un arc de rayon **13** carreaux. Cet arc coupe [CD] au point 5 et [DE] au point 8.
- de E, tracez un arc de rayon **13** carreaux. Cet arc coupe [DE] au point 7 et [EF] au point 10.
- de F, tracez un arc de rayon **13** carreaux. Cet arc coupe [EF] au point 9 et [FA] au point 12.

Les points 1 à 12 sont les **P**oints **MER**veilleux de l'*hexagone régulier*.

Tracé 33

Hexagone (6 côtés) : Tracé et Partage MERveilleux des côtés

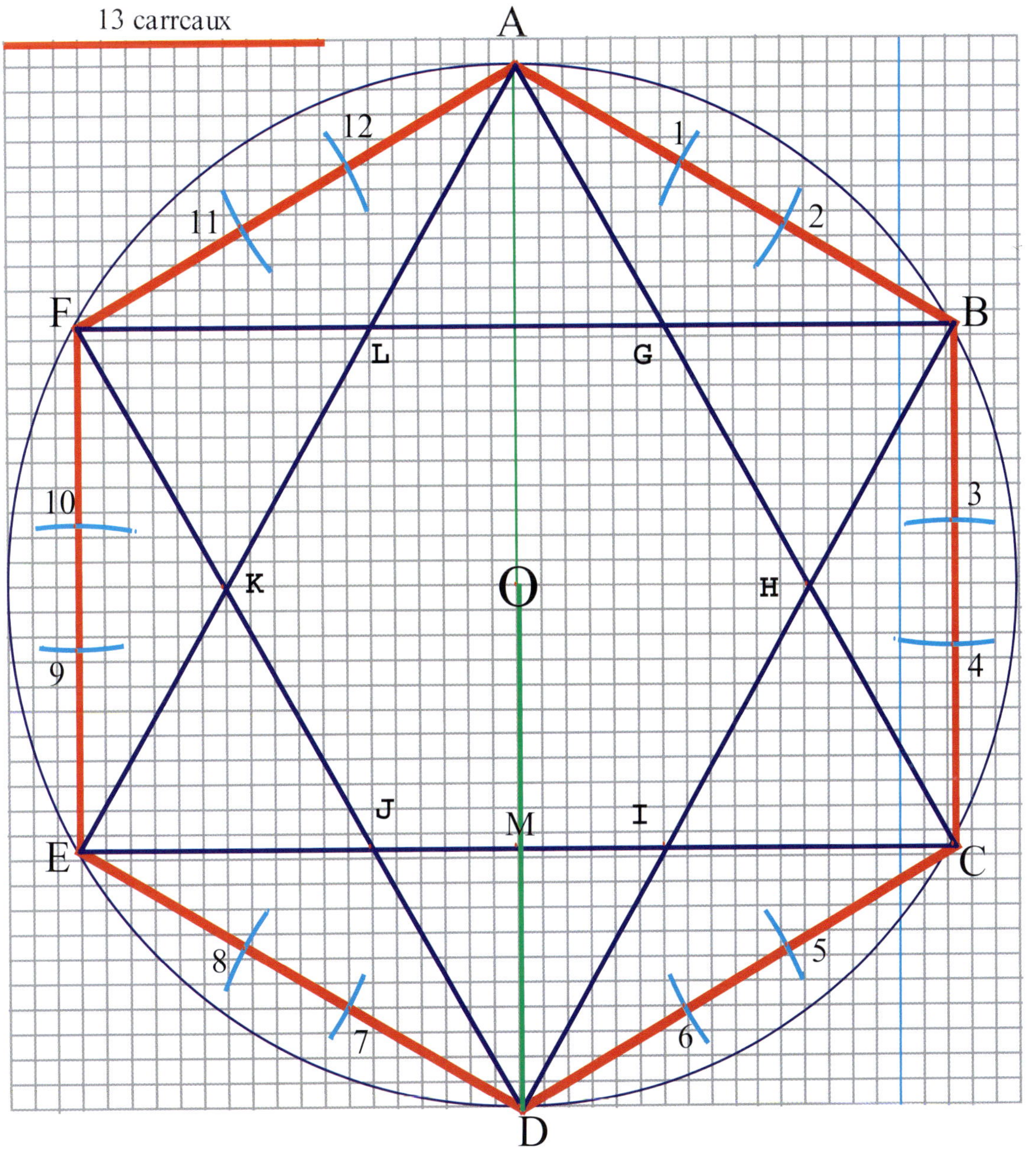

13 carreaux

Tracé du *triangle équilatéral* à partir de l'*hexagone régulier*.
Joignez un sommet sur deux.
En partant du point A, on obtient le *triangle équilatéral* ACE.
En partant du point D, on obtient le *triangle équilatéral* BDF.
Ces deux triangles, en se croisant, forment une étoile à *six branches*, aussi **appelée** *Etoile de David* ou encore *Sceau de Salomon*.
Pour les **experts** seulement :
(OD) coupe [EC] en son milieu M. [CM] est le côté de l'heptagone inscrit dans le cercle.
Vous trouverez ce tracé, et bien d'autres, dans le Tome II des **Activités Géométriques - Dynamique de l'innovation**.

Tracé 34

Hexagone : Rosaces 1

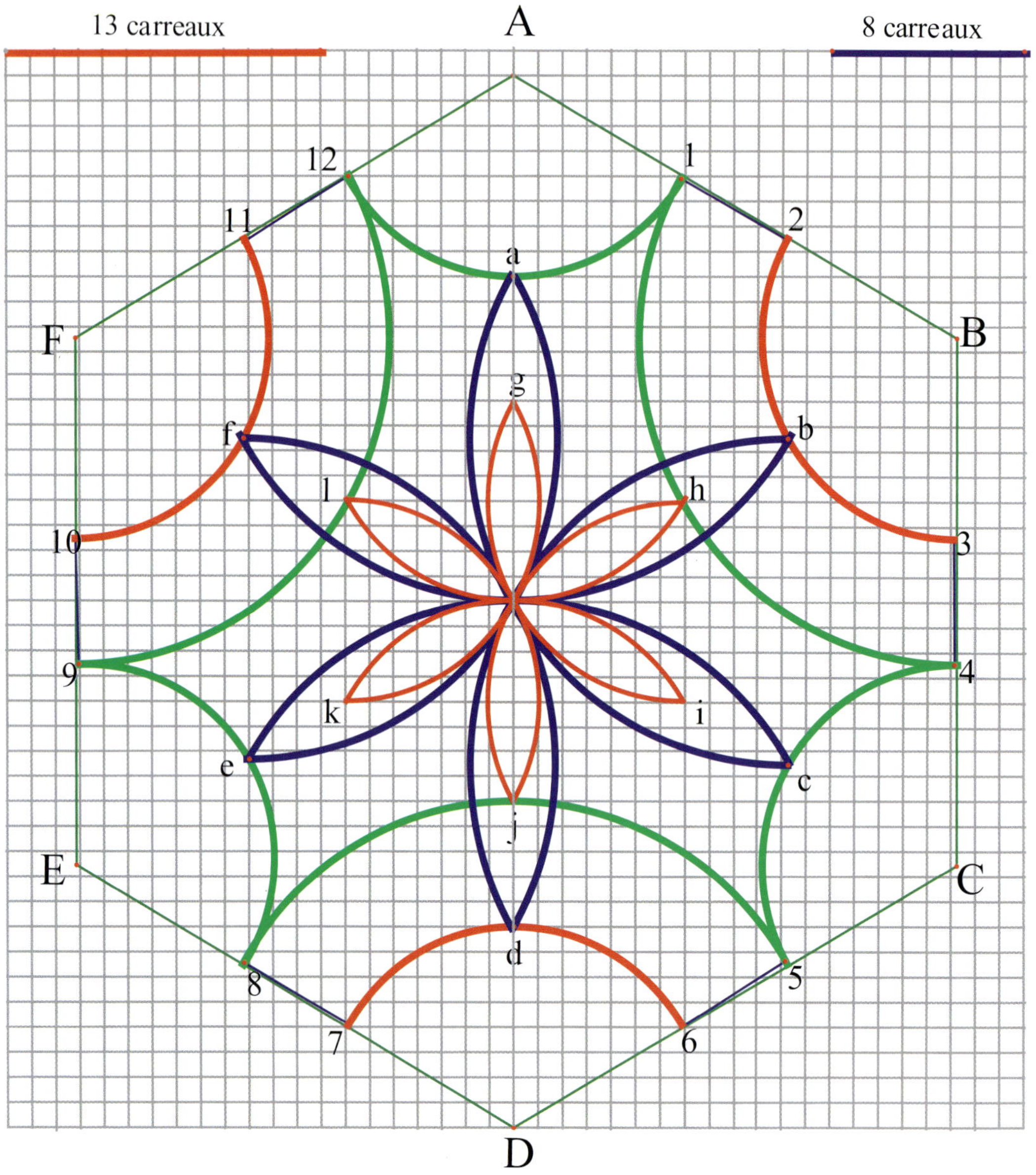

Voir le Tracé 32

Avec le compas :

- À partir des sommets (A, B, C, D, E et F) de l'**hexagone régulier**, tracez un arc de rayon 8 carreaux.

Ces arcs coupent [AD] aux points "a" et "d", [BE] aux points "b" et "e", et [CF] aux points "c" et "f".

- À partir des sommets B, D et F de l'**hexagone régulier**, tracez un arc de rayon 13 carreaux.

Ces arcs coupent [AD] aux points "g" et "j", [BE] aux points "h" et "k", et [CF] aux points "i" et "l".

On remarque : ces arcs coupent les côtés de l'**hexagone régulier** aux Points **MER**veilleux., 1 à 12.

Toujours avec le compas :

- À partir des points "a", "b", "c", "d", "e" et "f", tracez un arc de rayon [a - b]. - en bleu sur la figure.
- À partir des points "g", "h", "i", "j", "k" et "l", tracez un arc de rayon [g - h]. - en rouge sur la figure.

Tracé 35

Hexagone : Rosaces 2

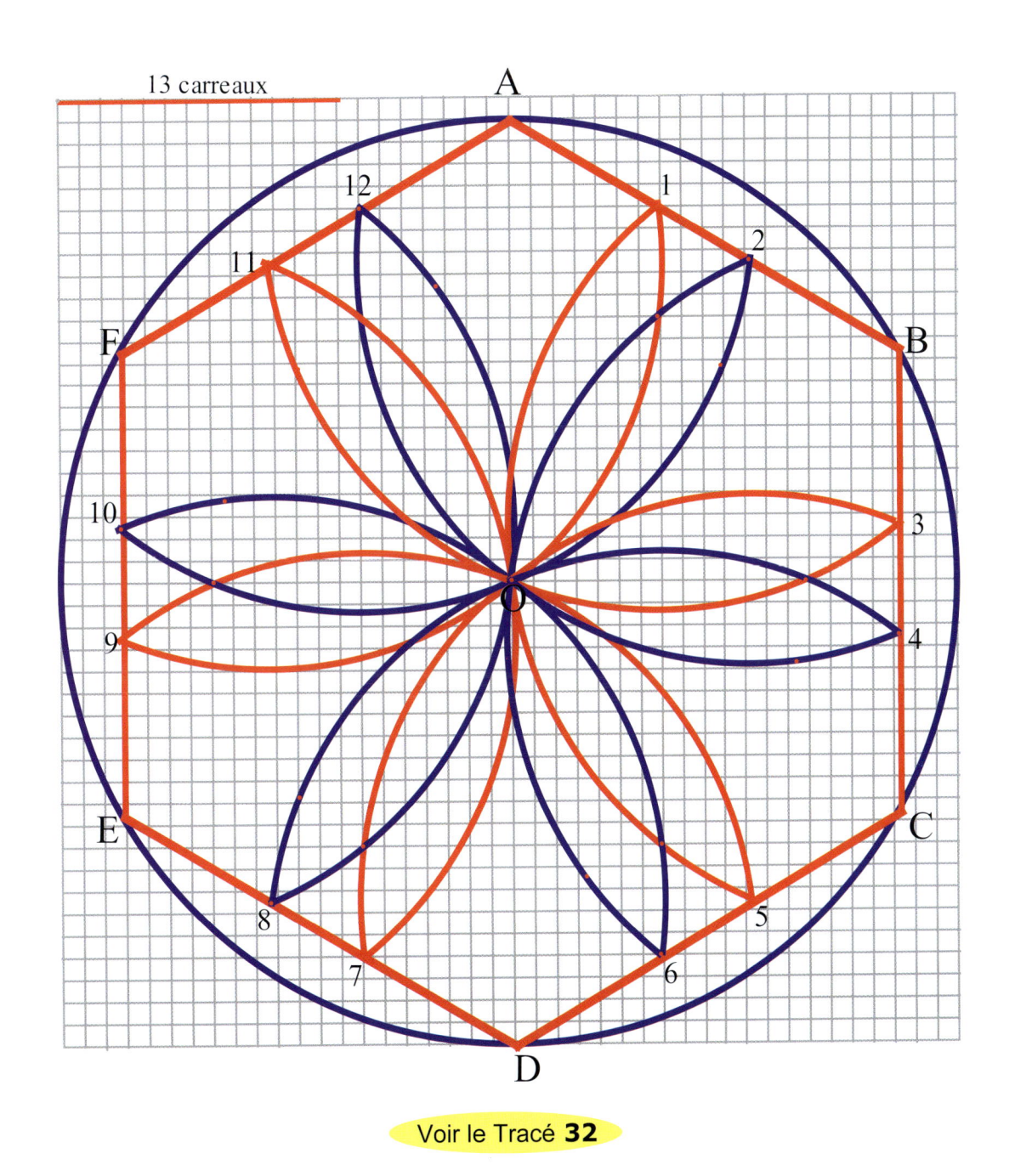

13 carreaux

Voir le Tracé **32**

Avec le compas :
- A partir des **P**oints **MER**veilleux (1, 3, 5, 7, 9, 11) de l'hexagone régulier, tracez les arcs de rayon [1-3]. - en rouge sur la figure.
- A partir des **P**oints **MER**veilleux 2, 4, 6, 8, 10 tracez les arcs de rayon [2-4]. -en bleu sur la figure.
nota : les rayons [1-3] et [2-4] sont égaux.

Tracé 36

Hexagone : Hexagones et Triangles

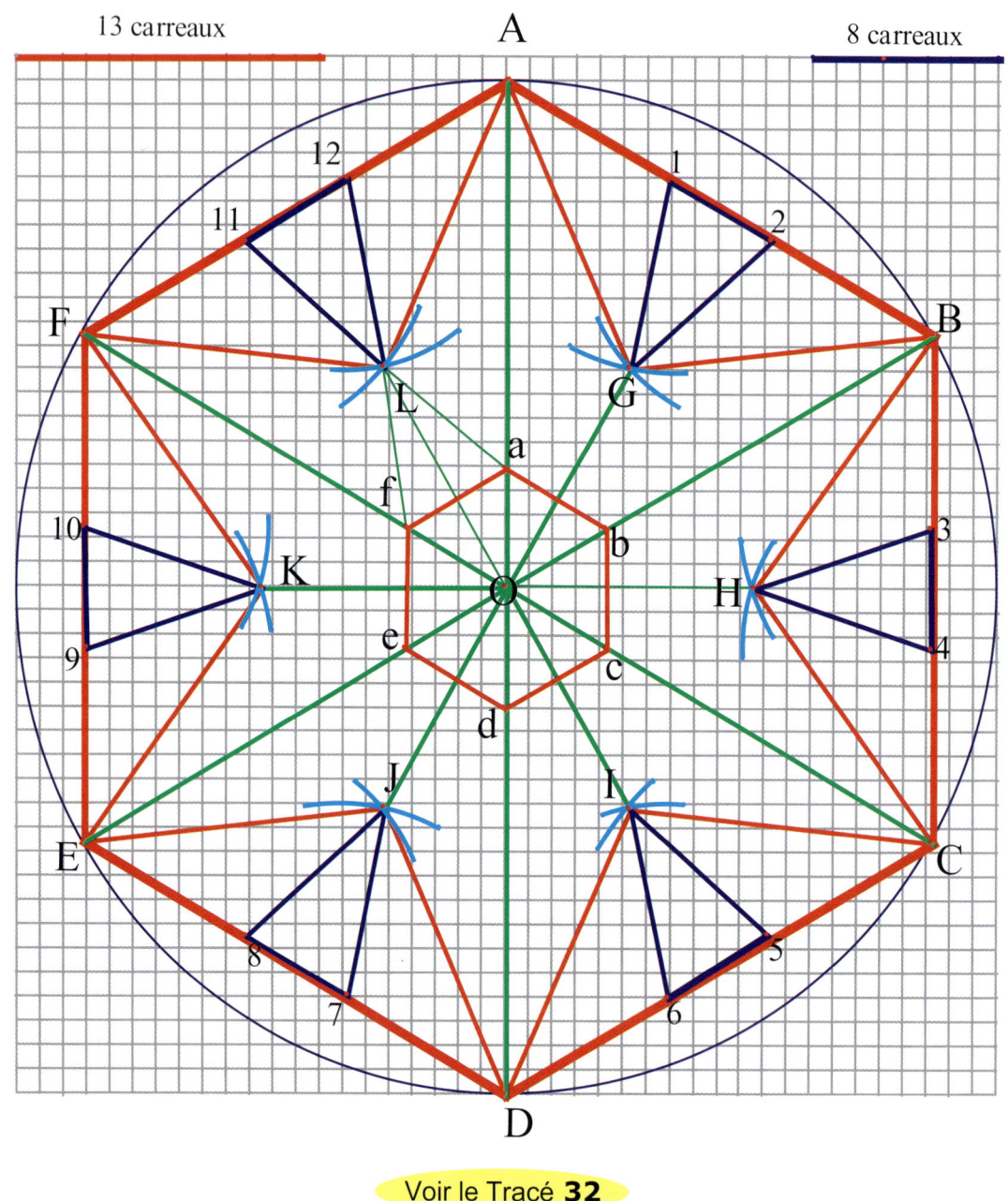

13 carreaux   8 carreaux

Voir le Tracé **32**

Avec le compas : a partir des **P**oints **MER**veilleux 1 à 12, tracez dezs arcs de rayon 8 carreaux. Ces arcs se coupent aux points G, H, I, J, K et L.

Sur [AD] placer les points "a" et "d" à **5** carreaux du point O .
Sur [BE] placer les points "b" et "e" à **5** carreaux du point O .
Sur [CF] placer les points "c" et "f" à **5** carreaux du point O .

Joindre les **P**oints **MER**veilleux 1 à 12 aux points G, H, I, J, K et L comme indiqué sur le tracé.

Décoration 37

Hexagone : Hexagones et Triangles

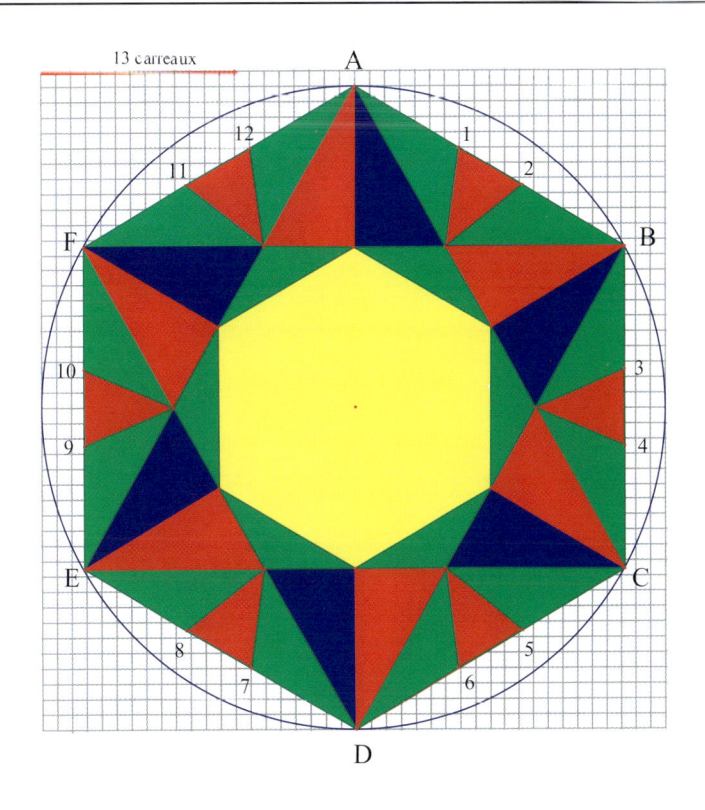

13 carreaux

Voir le Tracé **33**

Décoration 38

Hexagone : Rosace 2

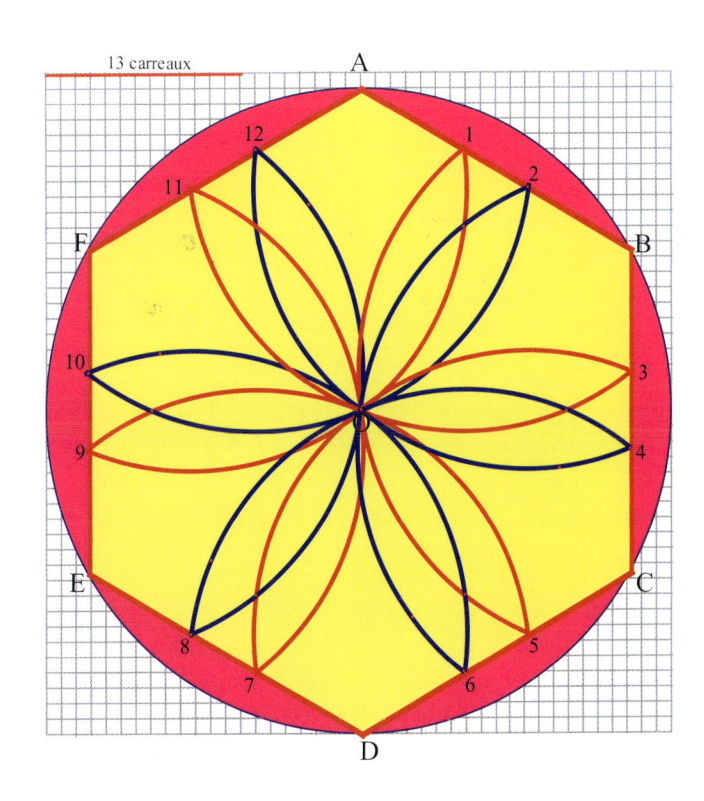

13 carreaux

Voir le Tracé **35**

Décoration 39

Hexagone : Hexagones et Triangles

13 carreaux

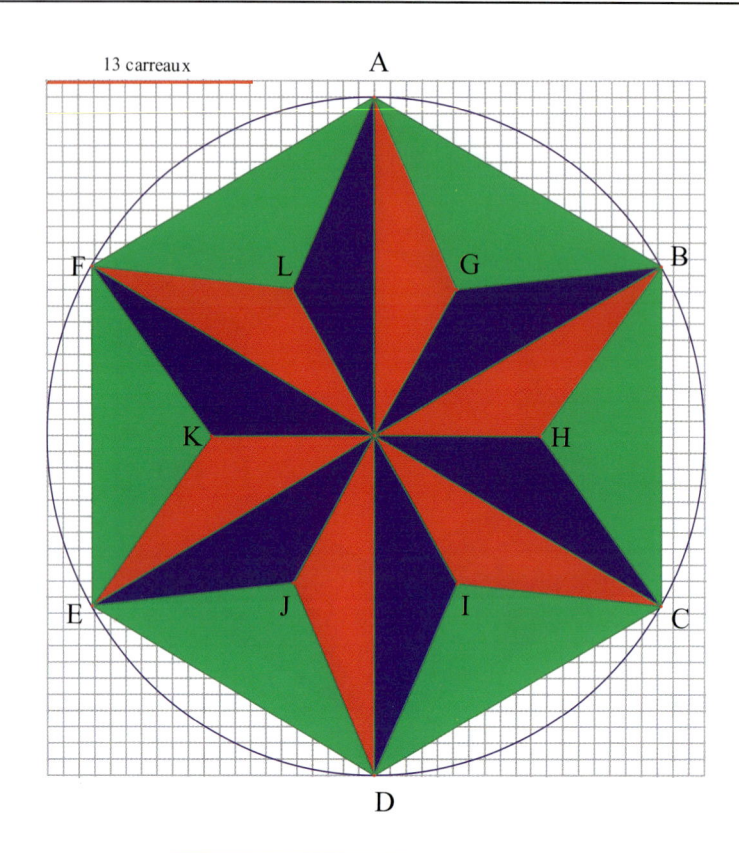

Voir le Tracé **33**

Décoration 40

Hexagone : Hexagones et Triangles

13 carreaux

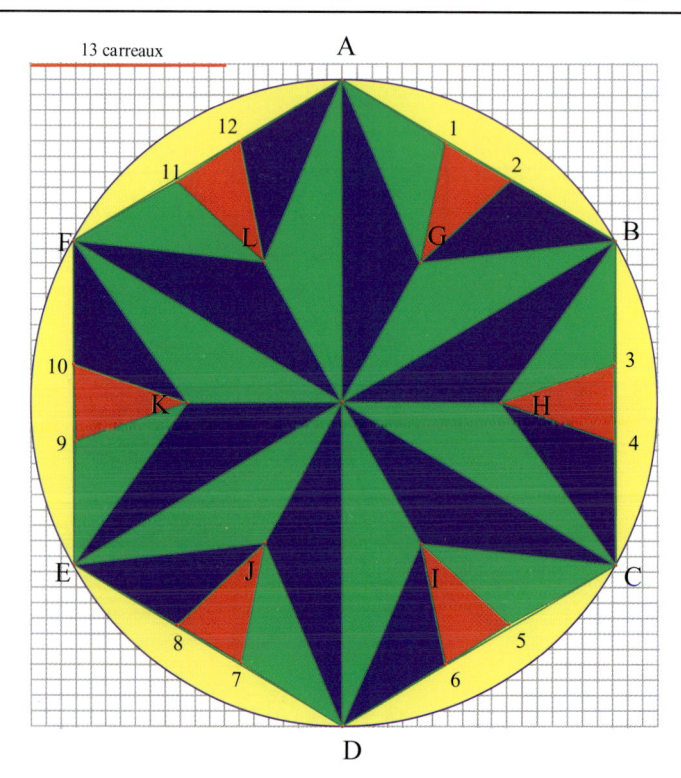

Voir le Tracé **33**

38

Décoration 41

Hexagone : Hexagones et Triangles

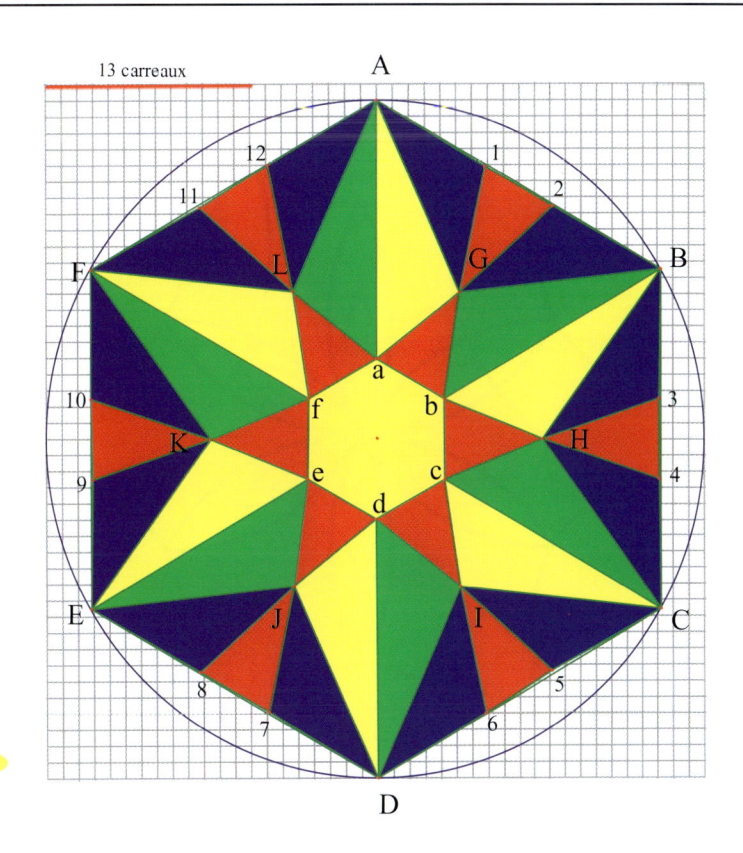

Voir le Tracé **33**

Décoration 42

Hexagone : Rosace 1

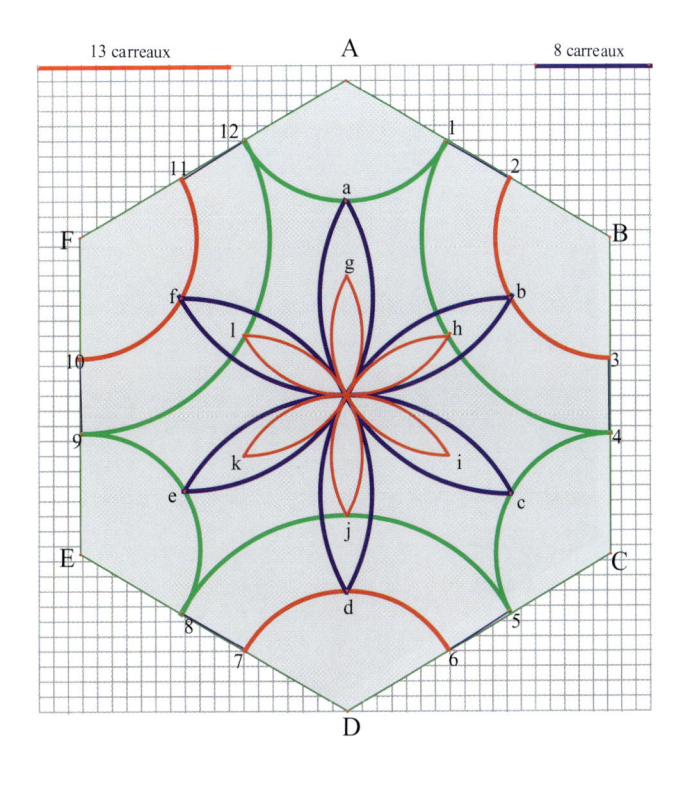

Voir le Tracé **34**

Défi 43

Hexagone : Rosace 1

Pouvez-vous réaliser cette figure sans l'aide de carreaux ?

Voir le Tracé **34**

Défi 44

Hexagone : Hexagones et Triangles

Pouvez-vous réaliser cette figure sans l'aide de carreaux ?

Voir le Tracé **36**

OCTOGONE

Tracé 45

Octogone (8 côtés) :
Tracé et Partage MERveilleux des côtés

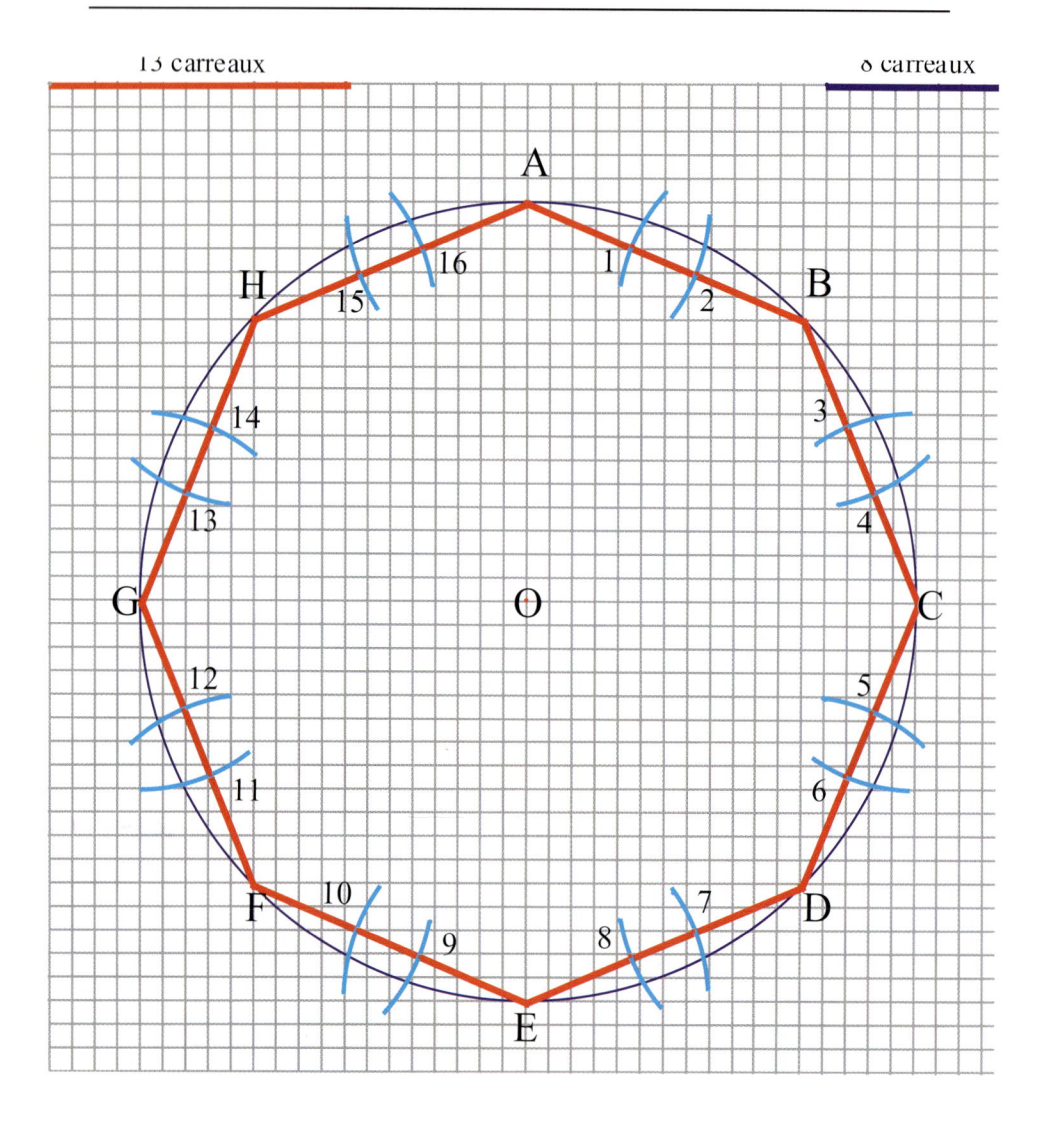

13 carreaux   8 carreaux

Tracez un cercle de centre O de rayon OA = **17** carreaux.
A partir du point A, porter huit fois une corde de **13** carreaux.
On obtient l'**octogone régulier** ABCDEFGH.

Avec le compas : À partir
- de A, tracez un arc de rayon **8** carreaux. Cet arc coupe [AB] au point 2 et [AH] au point 15.
- de B, tracez un arc de rayon **8** carreaux. Cet arc coupe [AB] au point 1 et [BC] au point 4.
- de C, tracez un arc de rayon **8** carreaux. Cet arc coupe [BC] au point 3 et [CD] au point 6.
- de D, tracez un arc de rayon **8** carreaux. Cet arc coupe [CD] au point 5 et [DE] au point 8.
- de E, tracez un arc de rayon **8** carreaux. Cet arc coupe [DE] au point 7 et [EF] au point 10.
- de F, tracez un arc de rayon **8** carreaux. Cet arc coupe [EF] au point 9 et [FG] au point 12.
- de G, tracez un arc de rayon **8** carreaux. Cet arc coupe [FG] au point 11 et [GH] au point 14.
- de H, tracez un arc de rayon **8** carreaux. Cet arc coupe [GH] au point 13 et [HA] au point 16.

Les points 1 à 16 sont les **P**oints **MER**veilleux de l'**octogone régulier**.

Ce tracé simple est suffisamment précis pour être satisfaisant.

Tracé 46

Octogone et carrés inscrits

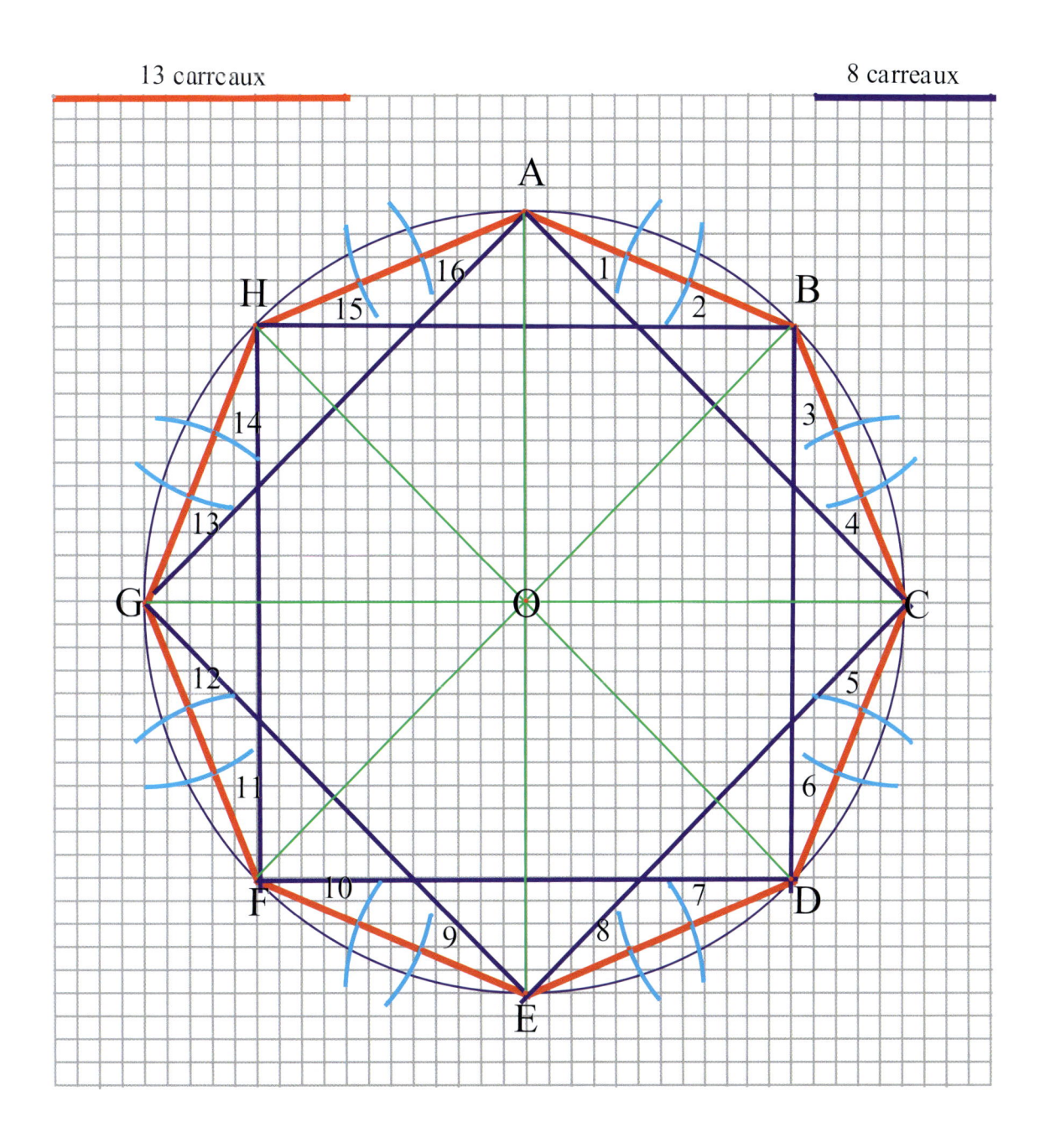

13 carreaux   8 carreaux

Tracez l'**octogone régulier** ABCDEFGH (voir le Tracé 45).

Inscription des deux carrés : (possible car 8 est divisible par 4) joignez les points A, C, E, G d'une part et B, D, F, H d'autre part.

Tracé du polygone extérieur :
Joignez les points A, B, C, D, E, F, G, H.

Tracé 47

Octogone (8 côtés) : Octogone étoilé
Tracé et Partage MERveilleux des côtés

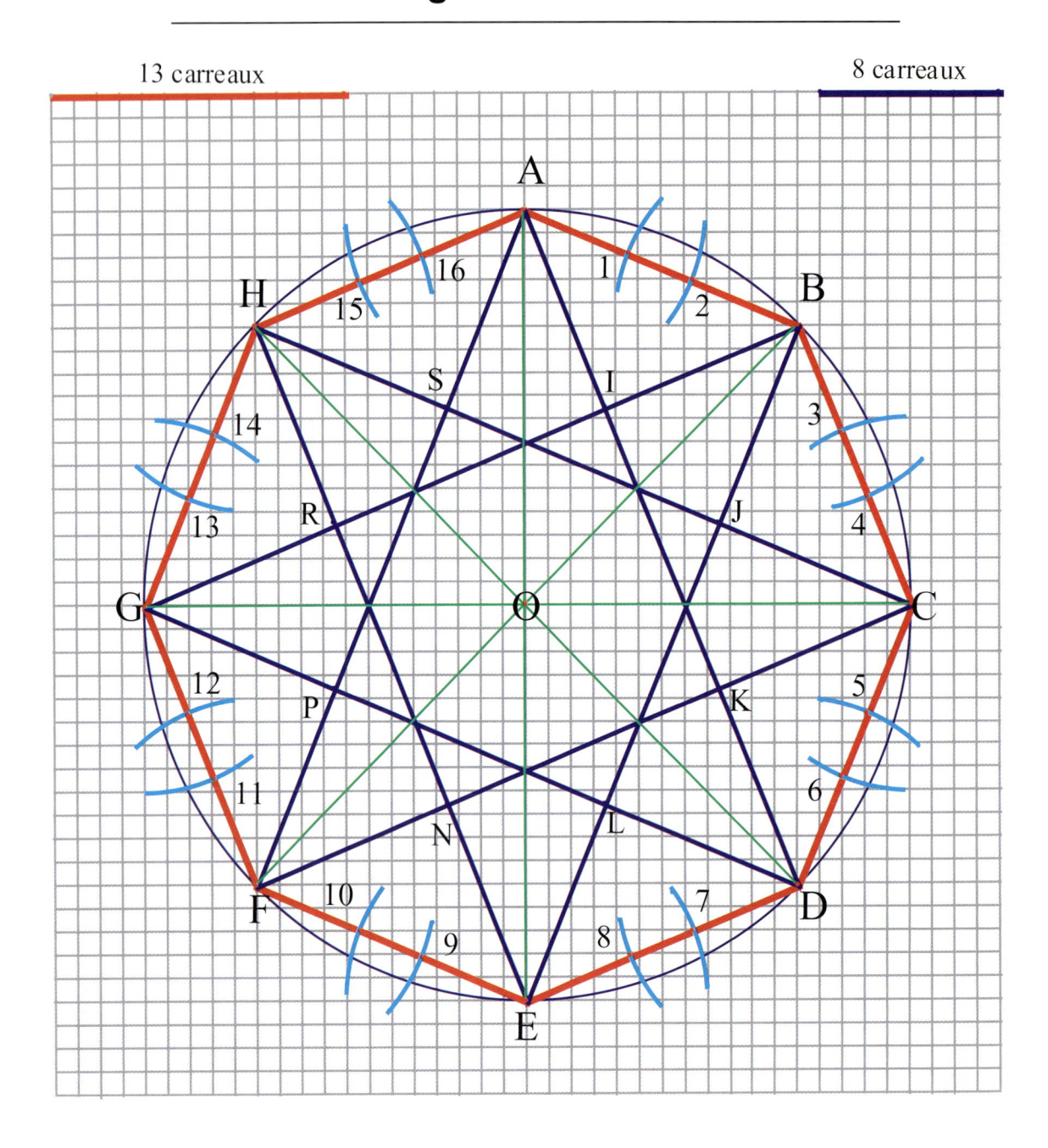

13 carreaux   8 carreaux

Tracez l'**octogone régulier** (voir tracé 45) ainsi que les points de partage merveilleux. Les points 1 à 16 sont les **P**oints **MER**veilleux de l'**octogone régulier**.

Joignez les points A, I, B, J, C, K, D, L, E, N, F, P, G, R, H, S et A.. On obtient l'**octogone étoilé** AIBJCKDLENFPGRHS.

Ce tracé simple est suffisamment précis pour être satisfaisant.

Remarque : IJKLNPRS est un **octogone régulier**.

Tracé 48

Octogone : Rosace

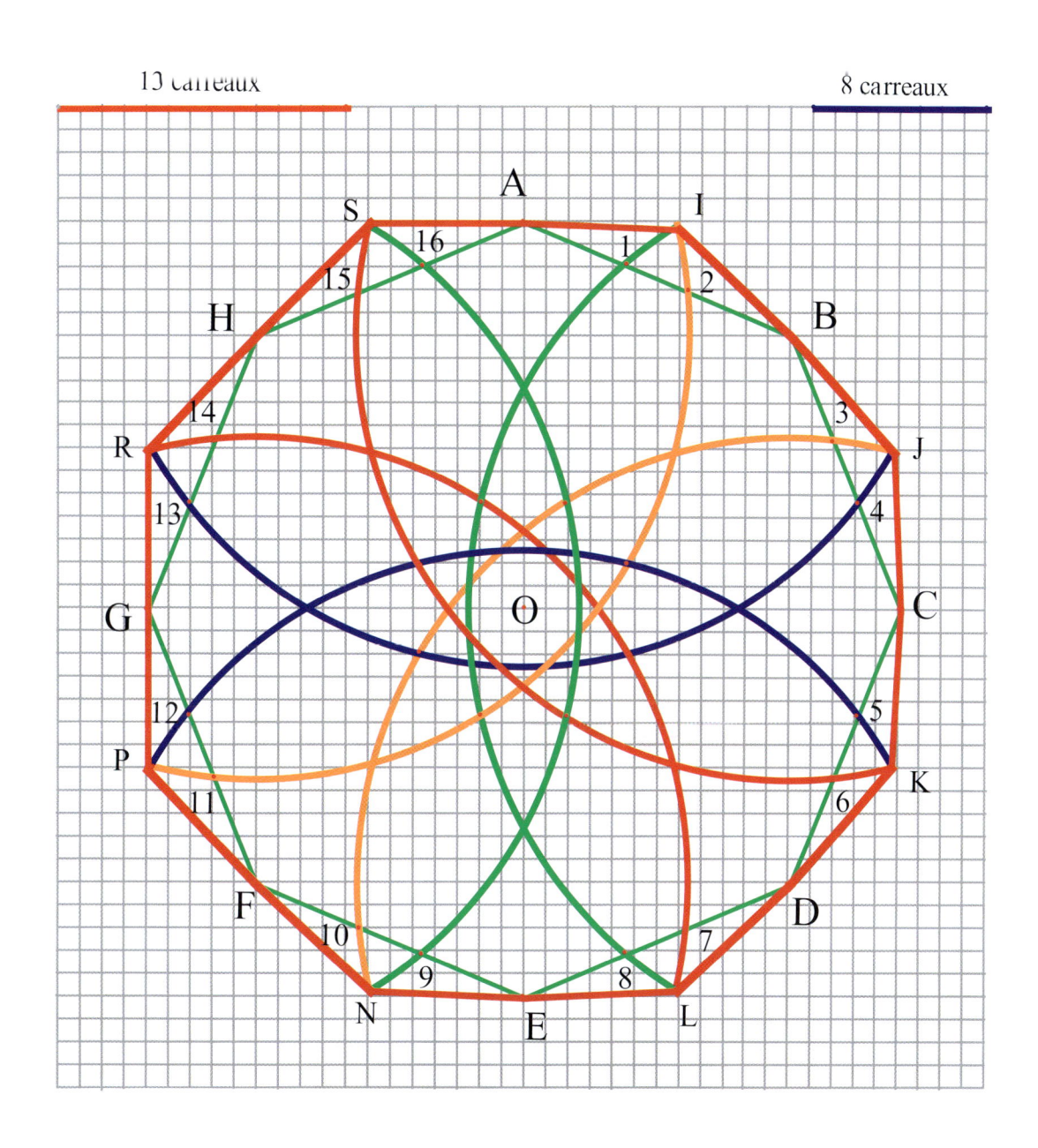

Tracez l'octogone régulier ABCDEFGH (voir le Tracé 45).

Tracé des rosaces
Avec le compas
À partir de chaque sommet de l'octogone régulier et avec un rayon [A – 4], tracez des arcs qui se coupent en I, J, K, L, N, P, R et S.

Tracé du polygone extérieur
Joignez les points A, I, B, J, C, K, D, L, E, N, F, P, G, R, H, S et A.

Décoration 49

Octogone : Roue

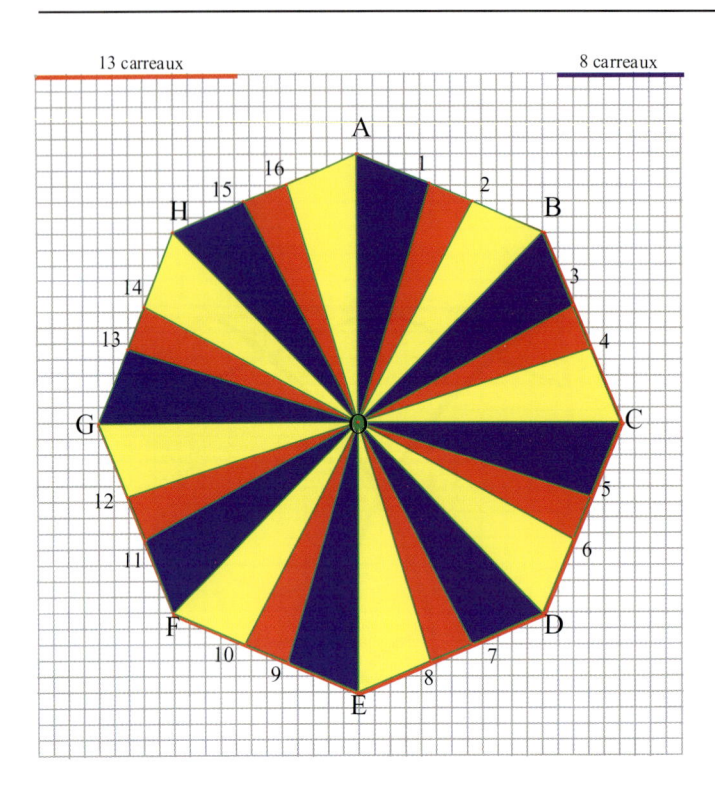

Voir le Tracé **46**

Décoration 50

Octogone : Octogone et Triangles

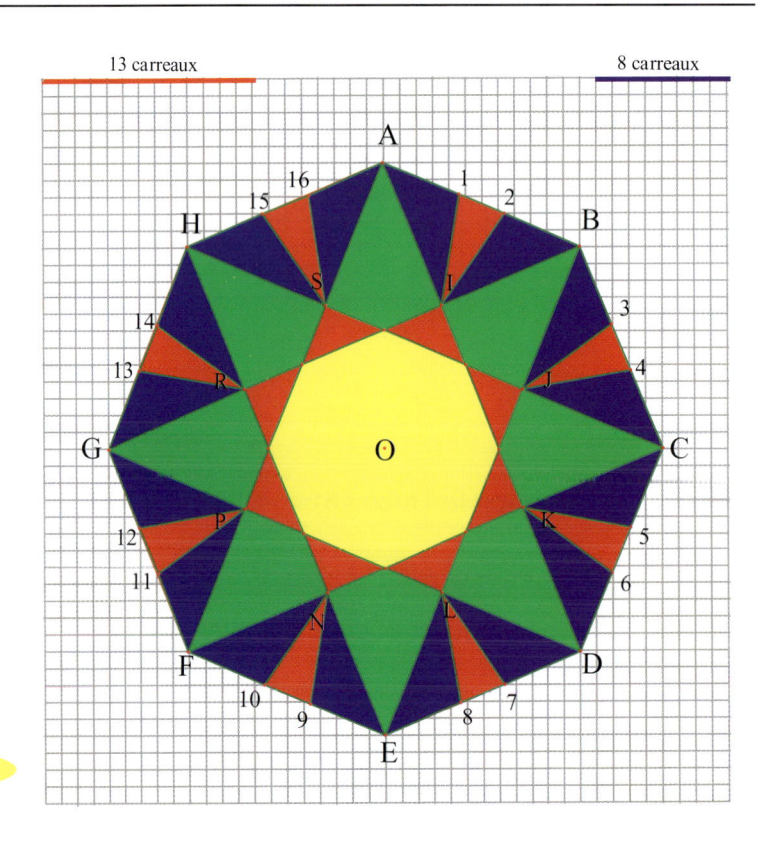

Voir le Tracé **47**

46

DECAGONE

Tracé 51

Décagone (10 côtés) :
Tracé et Partage MERveilleux des côtés

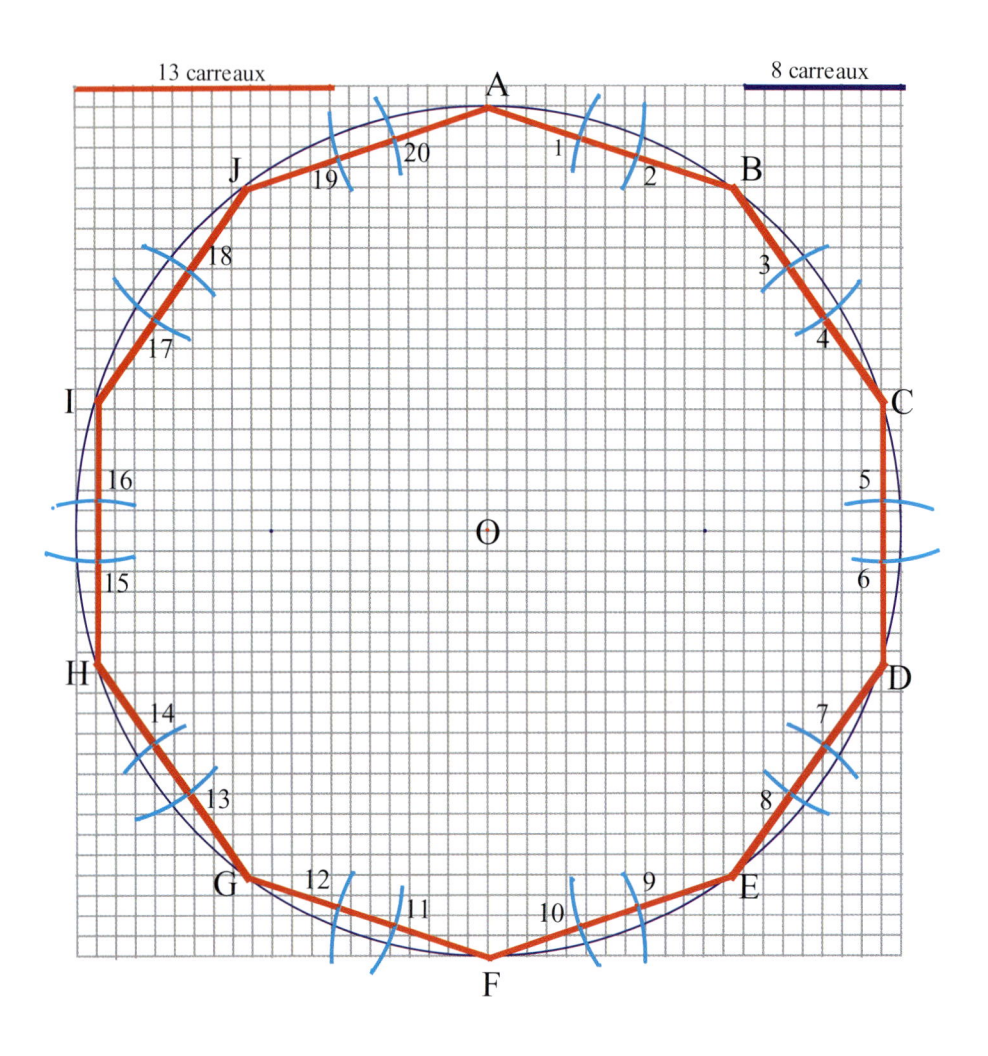

13 carreaux   8 carreaux

Dans un **décagone régulier**, quand le rayon est égal à **21** carreaux, le côté égale **13** carreaux.

Soit un cercle de centre O de rayon OA = **21** carreaux.
À partir du point A , porter dix fois une corde de 13 carreaux.
On obtient le **décagone régulier** ABCDEFGHIJ.

Avec le **compas** : À partir
- de A, tracez un arc de rayon 8 carreaux. Cet arc coupe [AB] au point 2 et [AJ] au point 19.
- de B, tracez un arc de rayon 8 carreaux. Cet arc coupe [AB] au point 1 et [BC] au point 4.
- de C, tracez un arc de rayon 8 carreaux. Cet arc coupe [BC] au point 3 et [CD] au point 6.
- de D, tracez un arc de rayon 8 carreaux. Cet arc coupe [CD] au point 5 et [DE] au point 8.
- de E , tracez un arc de rayon 8 carreaux. Cet arc coupe [DE] au point 7 et [EF] au point 10.
- de F, tracez un arc de rayon 8 carreaux. Cet arc coupe [EF] au point 9 et [FG] au point 12.
- de G, tracez un arc de rayon 8 carreaux. Cet arc coupe [FG] au point 11 et [GH] au point 14.
- de H, tracez un arc de rayon 8 carreaux. Cet arc coupe [GH] au point 13 et [HI] au point 16.
- de I, tracez un arc de rayon 8 carreaux. Cet arc coupe [HI] au point 15 et [IJ] au point 18.
- de J, tracez un arc de rayon 8 carreaux. Cet arc coupe [IJ] au point 17 et [JA] au point 20.
Les points 1 à 20 sont les **P**oints MERveilleux du **décagone régulier**.

Tracé 52

Décagone (10 côtés) : Inscription d'un pentagone bis

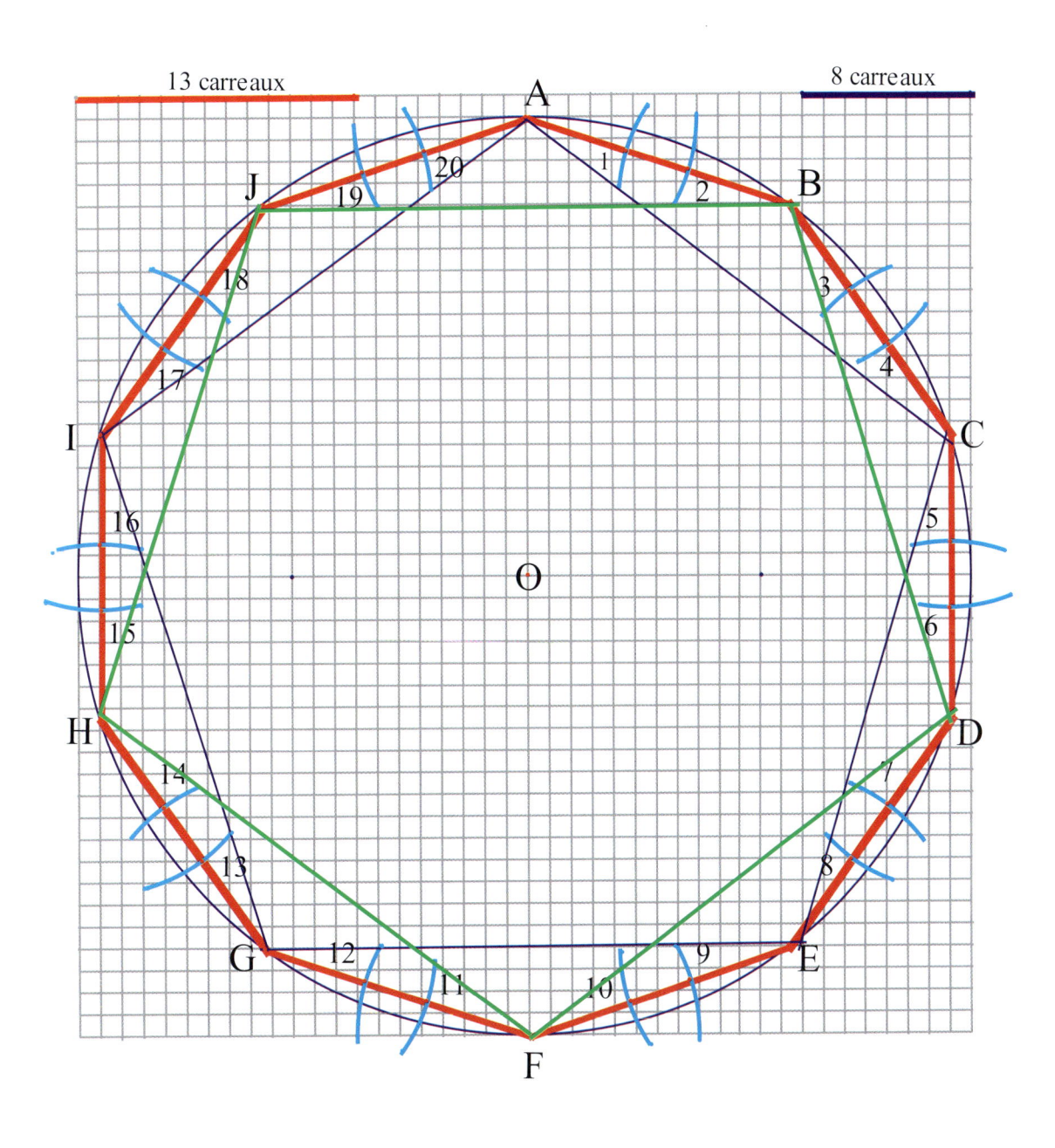

13 carreaux   8 carreaux

Tracez un décagone régulier. (voir tracé 51)

Inscription de deux pentagones réguliers: (possible car 10 est divisible par 5) joignez les points A, C, E, G, I, A d'une part et B, D, F, H, J, B d'autre part.

Tracé du polygone extérieur
Joignez les points A, B, C, D, E, F, G, H, I, J, et A.
Ces deux **pentagones réguliers** inversés forment un **décagone étoilé**.

Tracé 53

Décagone (10 côtés) : Décagone étoilé

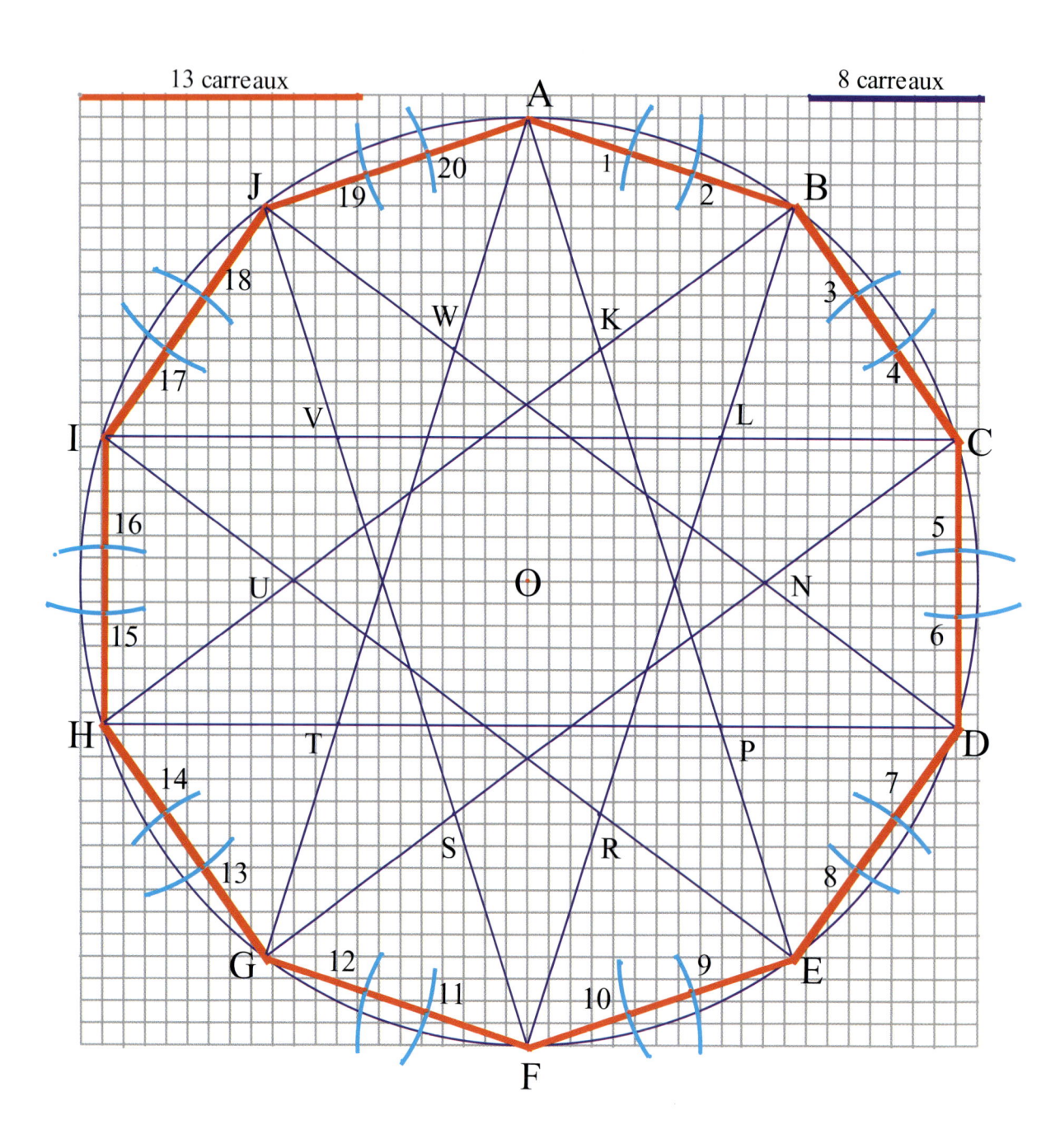

Tracez un décagone régulier. (voir tracé 51) A, B, C, D, E, F, G, H, I, J. Joignez ses sommets de quatre en quatre.

Décagones étoilés :
1. Deux **pentagones étoilés**, AGCIEA et FJDHBF se croisent pour former un **décagone étoilé**.
2. On peut former un autre **décagone étoilé** en joignant les points A, H, E, B, I, F, C, J, G, D et A.

Tracé 54

Décagone : Trois cercles concentriques

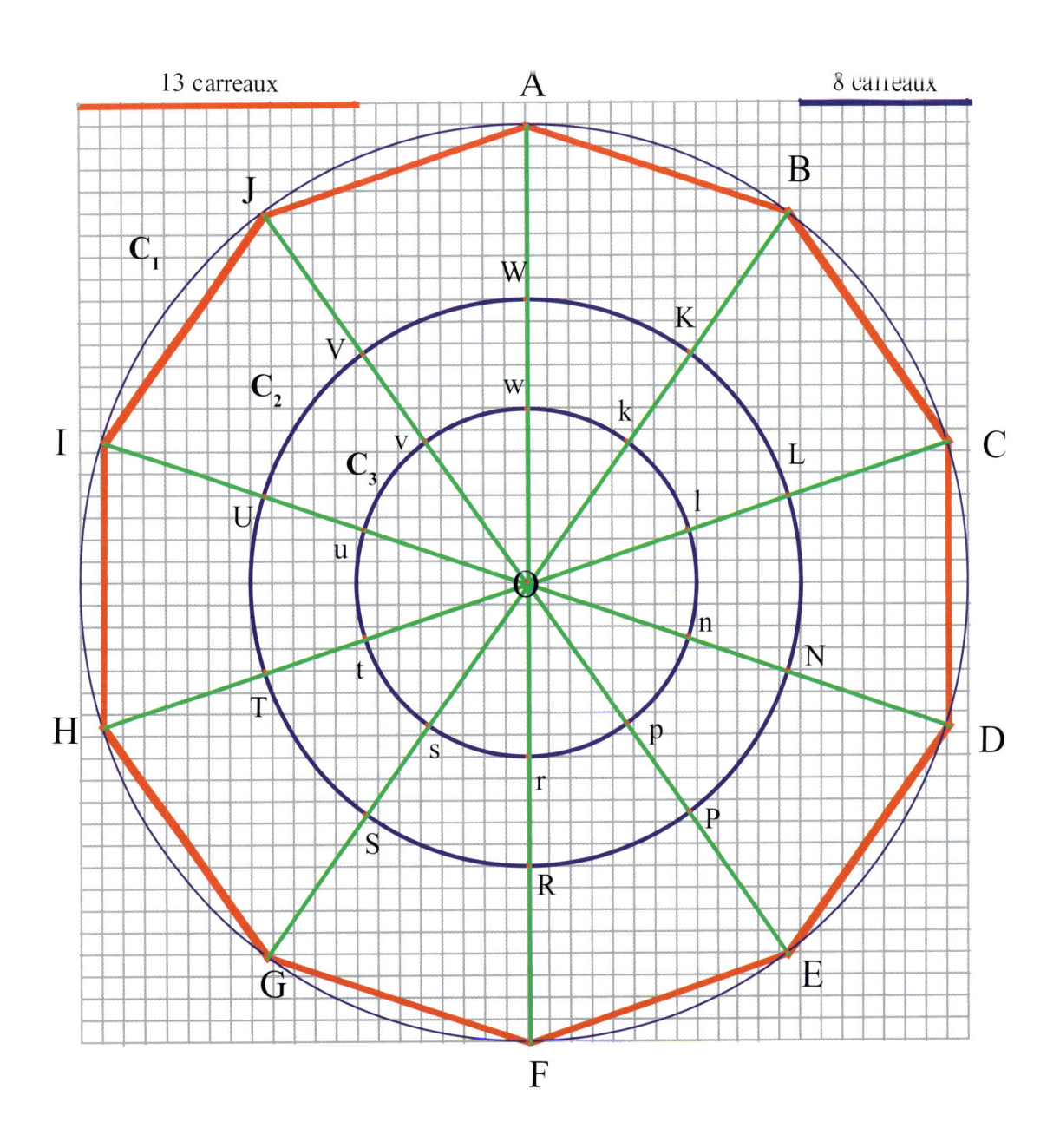

Tracez un cercle C₁ de centre O, de rayon **21** carreaux et le **décagone régulier** ABCDEFGHIJ inscrit dans ce cercle (voir le tracé **51**).

Tracez un cercle C₂ de centre O, de rayon 13 carreaux.

Tracez un cercle C₃ de centre O, de rayon 8 carreaux.

Tracé 55

Décagone : Pentagones étoilés allongés

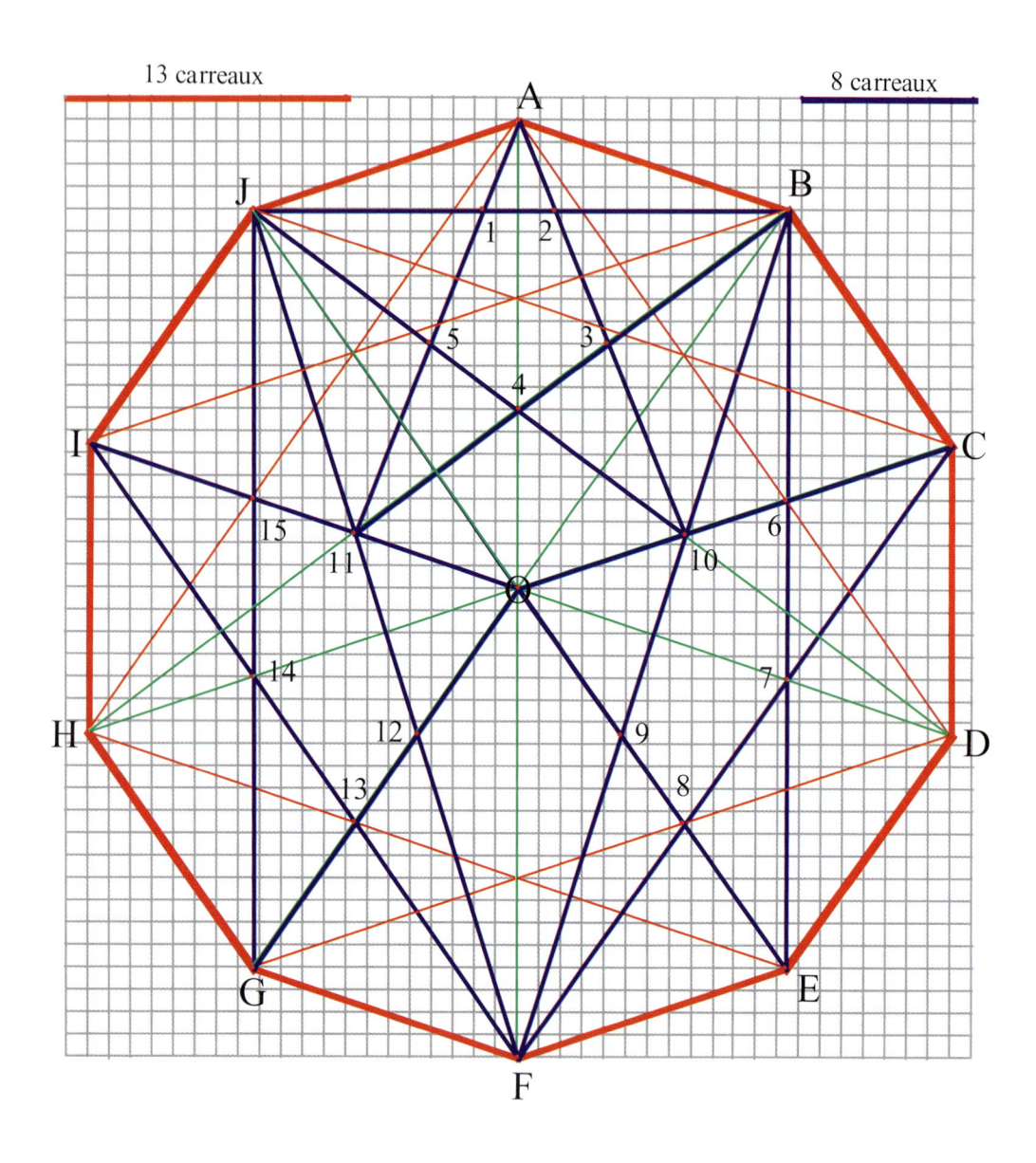

Dans un **décagone régulier**, quand le rayon = **21** carreaux, le côté = **13** carreaux.

Soit un cercle de centre O de rayon OA = **21** carreaux dans lequel est inscrit le **décagone régulier** ABCDEFGHIJ (voir le Tracé **51**).

Tracez un **décagone étoilé** en joignant les sommets de trois en trois à partir du point A : [AD], [DG], [GJ], [JC], [CF], [FI], [IB], [BE], [EH] et [HA].

Tracez tous les diamètres : AF, BG, CH, DI et EJ.
Tracez le triangle BFJ.

Détermination des points 1 à 15
Le point 10 est à l'intersection de [CH] et de [BF], le point 11 est à l'intersection de [DI] et de [JF].
[JB] coupe [A – 11] au point 1 et [A – 10] au point 2.
[B – 11] coupe [A – 10] au point 3 et [AO] au point 4.
[A – 11] coupe [J – 10] au point 5.
Les points 6, 7, 8, 9, 12, 13, 14 et 15 sont tous sur des diamètres et sur le **décagone étoilé**.

Tracé 56

Décagone : Pentagone étoilé central et Pentagones allongés

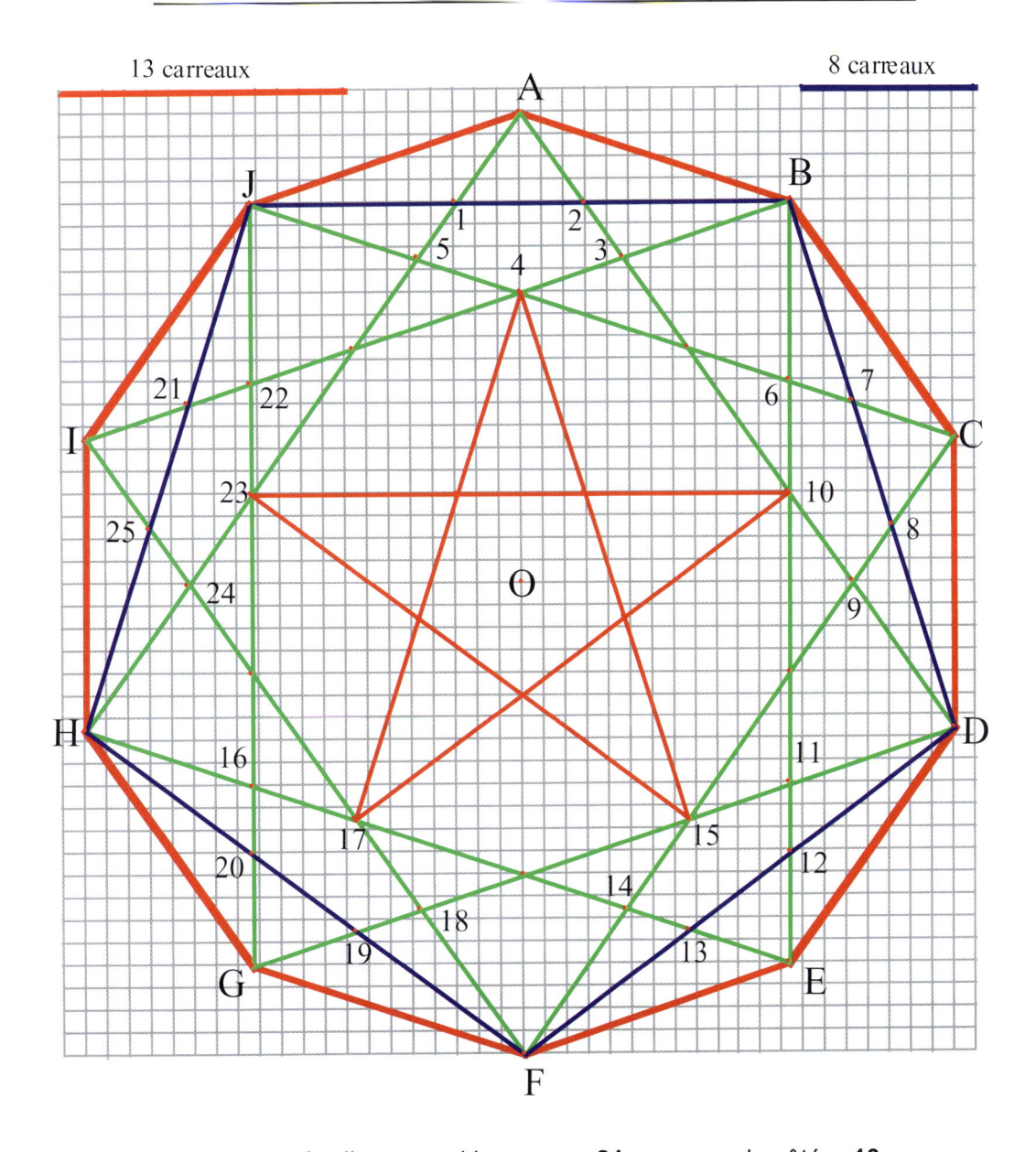

13 carreaux — 8 carreaux

Dans un décagone régulier, quand le rayon = **21** carreaux, le côté = **13** carreaux.

Soit un cercle de centre O de rayon OA = **21** carreaux dans lequel est inscrit le **décagone régulier** ABCDEFGHIJ (voir le Tracé **51**).
Tracez un **décagone étoilé** en joignant les sommets de trois en trois à partir du point A : [AD], [DG], [GJ], [JC], [CF], [FI], [IB], [BE], [EH] et [HA].- en vert sur la figure

Tracez le **pentagone régulier** BDFHJ. - en bleu sur la figure.

Détermination des points 1 à 25
Sur le décagone étoilé, on trouve les points 3, 4, 5, 8, 9, 12, 13, 16, 17 et 20. On trouve aussi les points **K, L, N, P, R, S, T, U, V et W.**
Sur le pentagone régulier BDFHJ, on trouve les points 1, 2, 6, 7, 10, 11, 14, 15, 18 et 19.

Construire le pentagone étoilé et le **pentagone régulier** central comme indiqué sur la figure.

Décoration 57

Décagone : Décagone central et Triangles

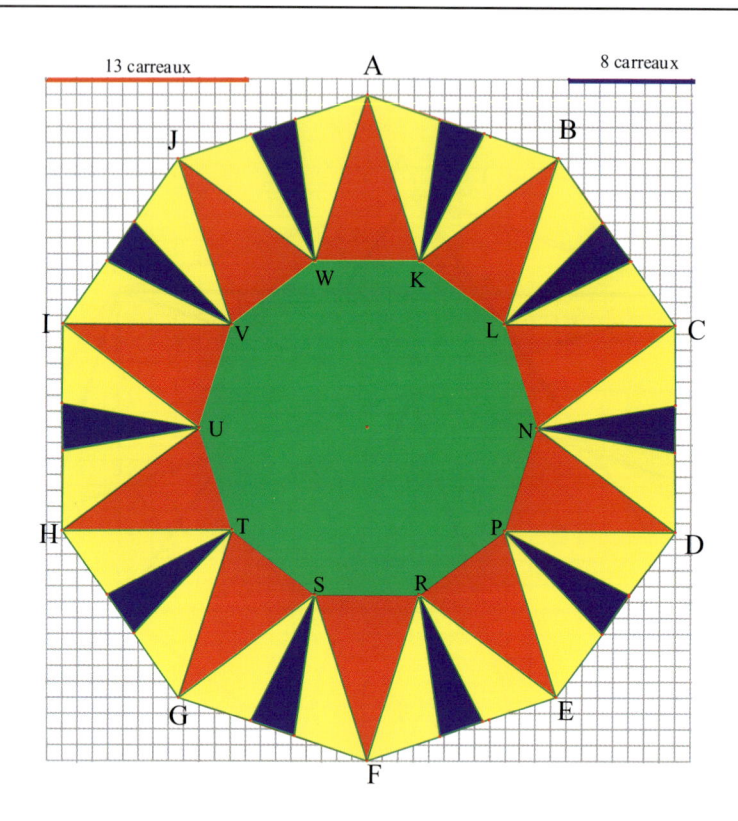

13 carreaux   8 carreaux

Voir le Tracé **53**

Décoration 58

Décagone : Triangles et Décagone étoilé central

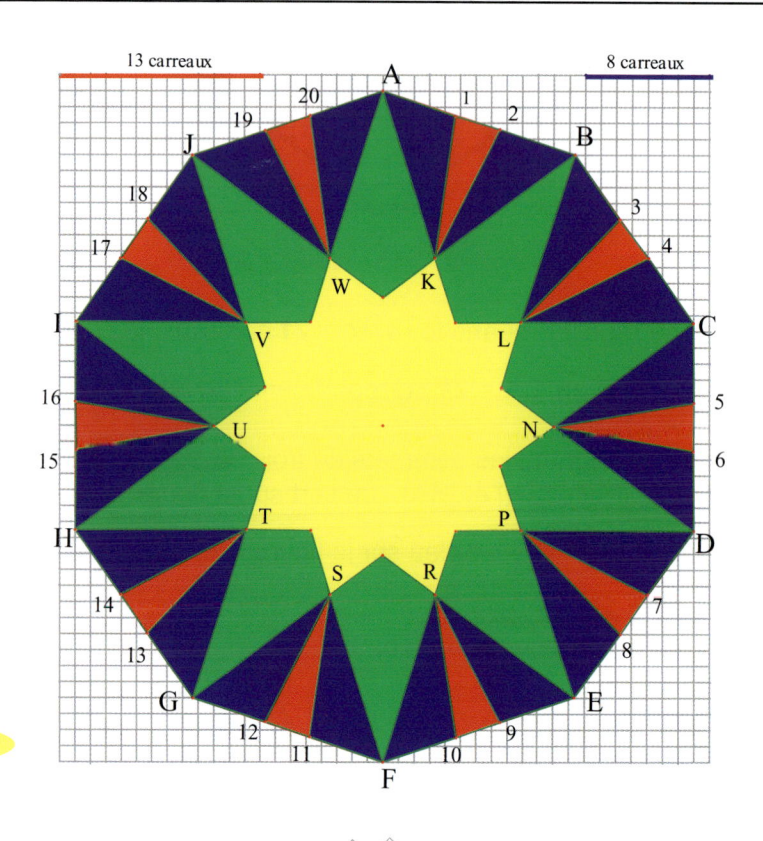

13 carreaux   8 carreaux

Voir le Tracé **53**

Décoration 59

Décagone : Triangles et Flèches

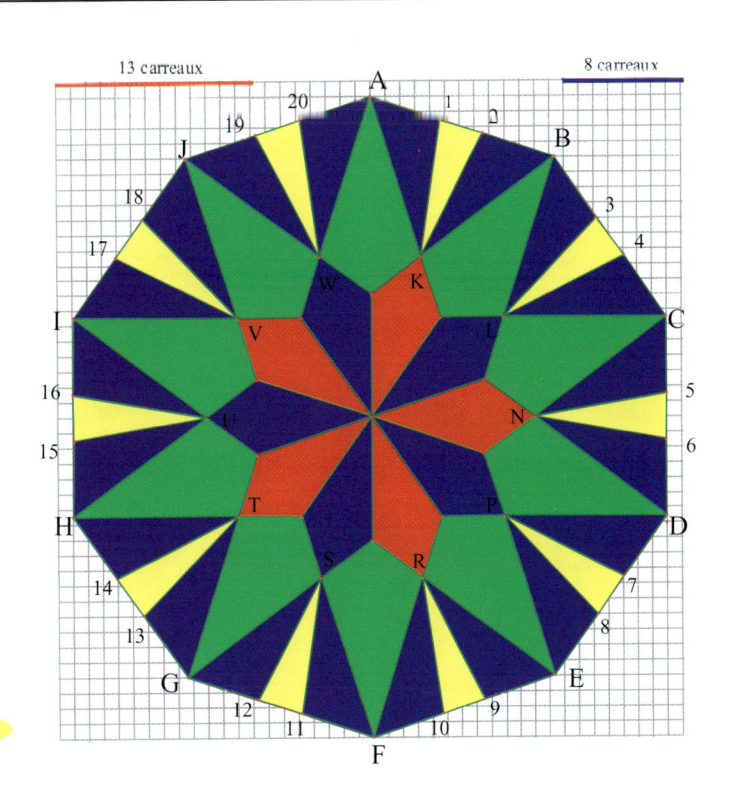

Voir le Tracé **53**

Décoration 60

Décagone : Décagone étoilé en relief

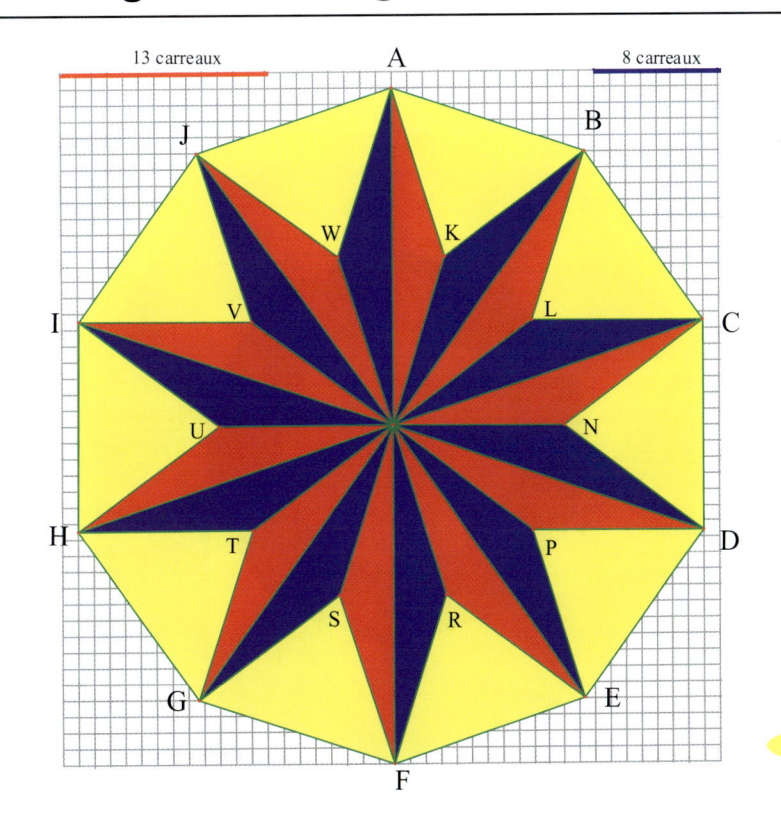

Voir le Tracé **53**

55

Décoration 61

Décagone : Triangles et Décagone étoilé en relief

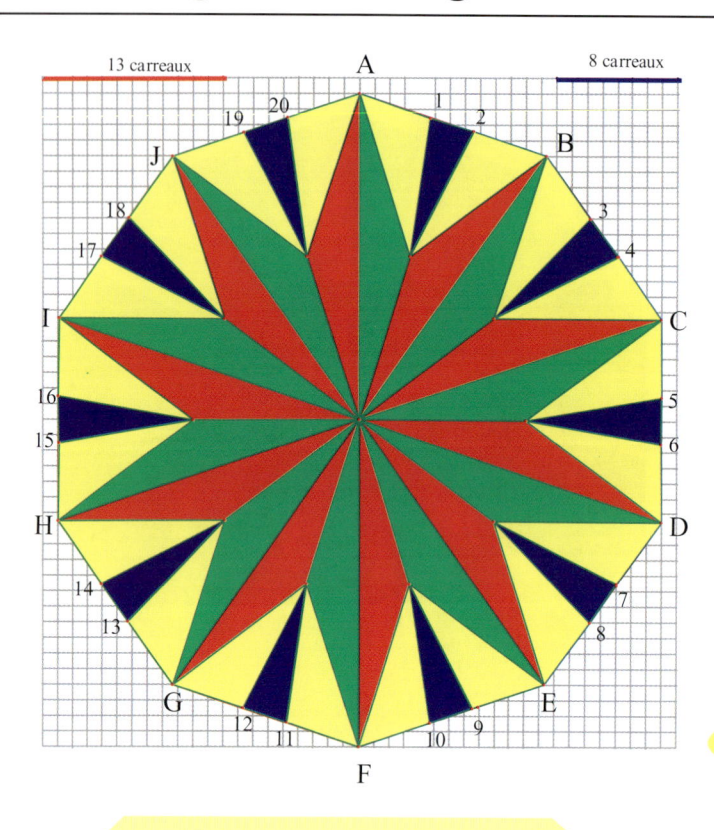

Voir le Tracé **53**

Décoration 62

Décagone : Décagone central et Ronde de Triangles dans le sens des aiguilles d'une montre

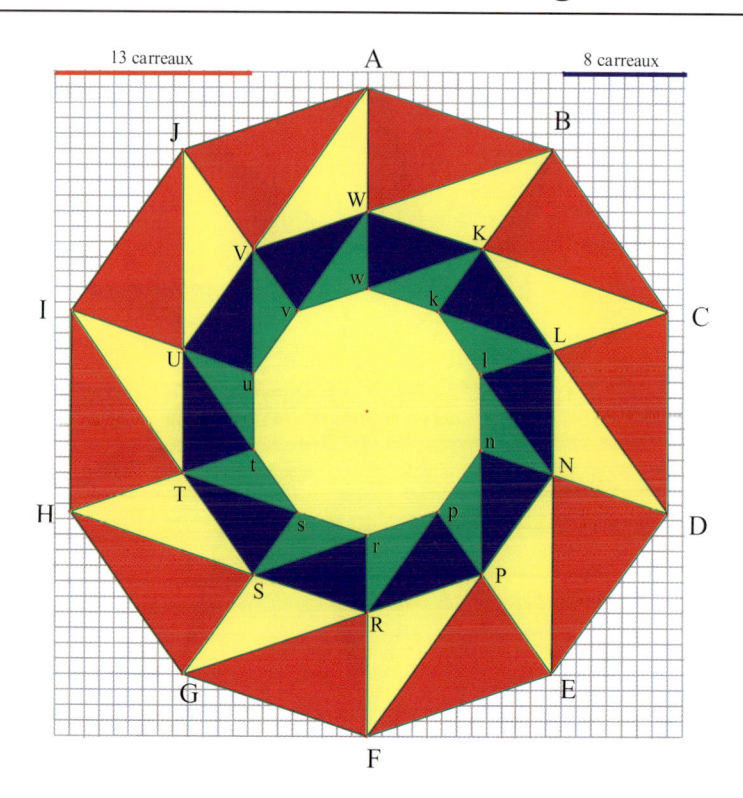

Voir le Tracé **54**

Décoration 63

Décagone : Décagone central et Ronde de Triangles dans le sens contraire des aiguilles d'une montre

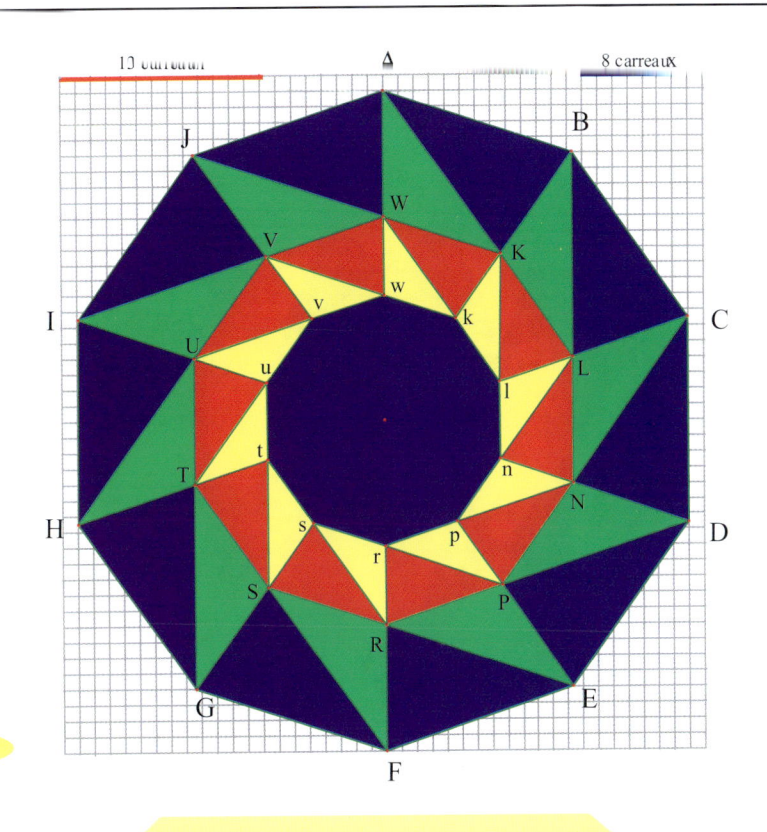

Voir le Tracé **54**

Décoration 64

Décagone : Rondes de Triangles

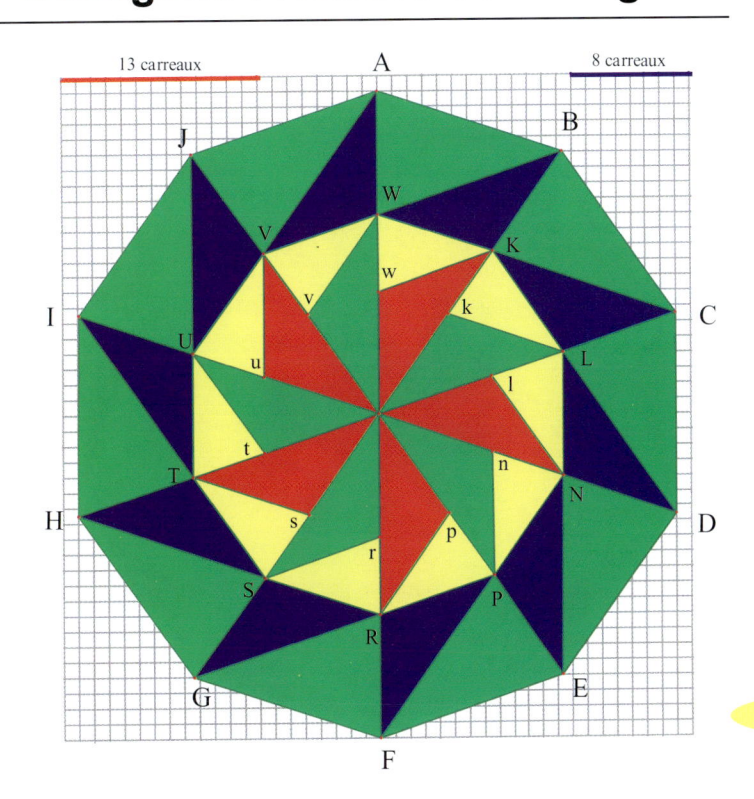

Voir le Tracé **54**

Décoration 65

Décagone : Pentagones étoilés allongés

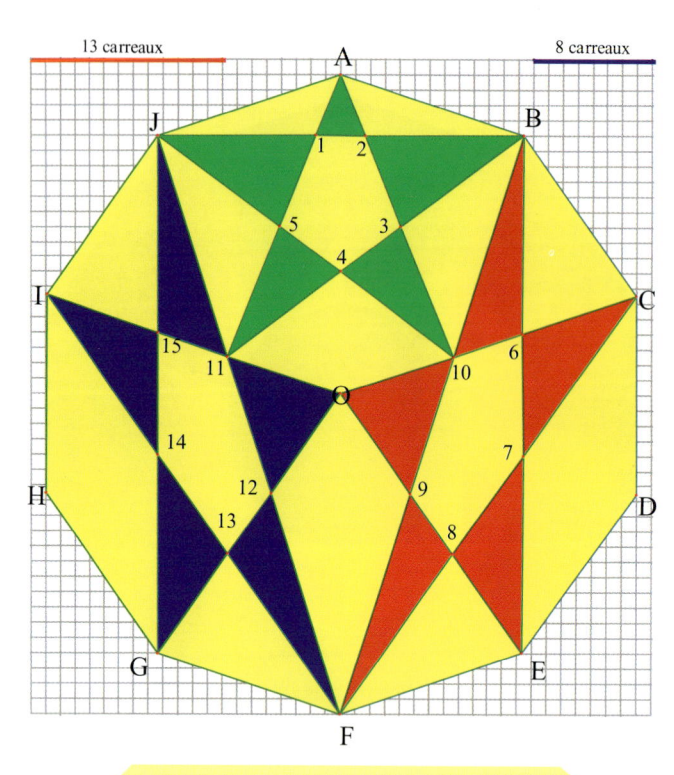

Voir le Tracé **55**

Décoration 66

Décagone : Pentagones étoilé central et Pentagones étoilés allongés

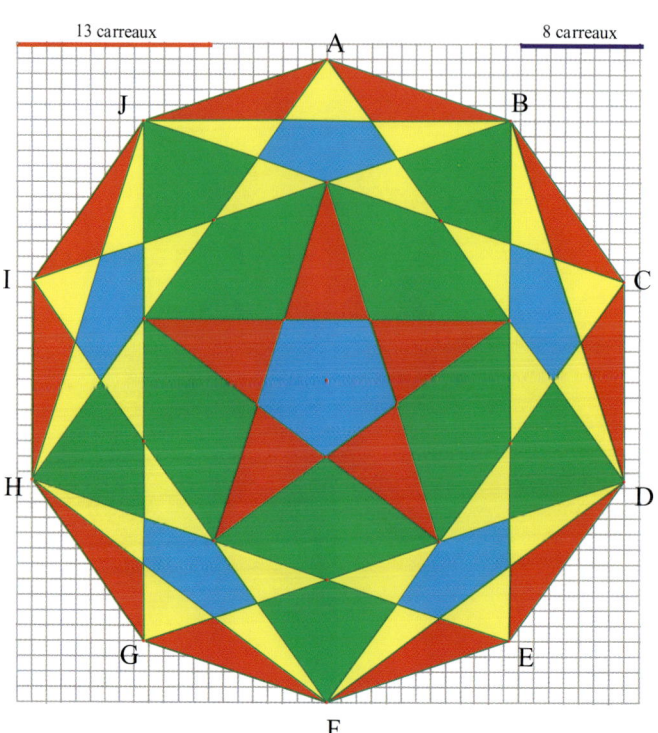

Voir le Tracé **56**

Décoration 67

Décagone : Polygones divers

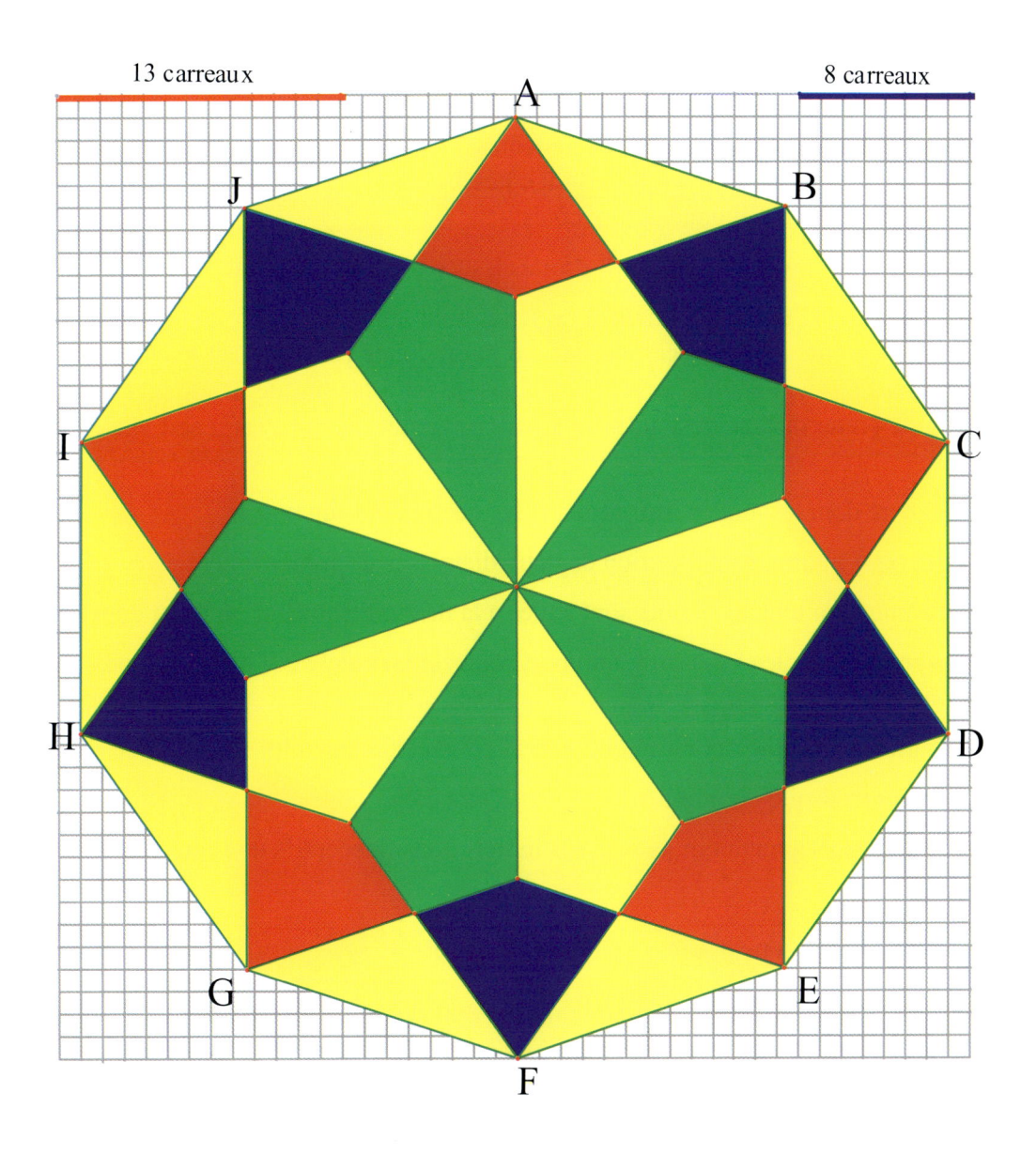

13 carreaux   8 carreaux

Voir le Tracé **56**

Petit Lexique

Un peu de **grec** pour commencer :
poly- : «plusieurs»   **-gone** : «angle»
polygone : figure géométrique fermée (comme un carré, par exemple) qui a «plusieurs angles» (et plusieurs côtés). Dans le langage courant, on associe «angle» à «côté».
penta : cinq (5)   **Pentagone** : polygone de cinq côtés.
hexa : six (6)   **Hexagone** : polygone de six côtés.
octo : huit (8)   **Octogone** : polygone de huit côtés.
déca : dix (10) **Décagone** : polygone de dix côtés.

angle : portion de plan limité par des demi-droites issues d'un même point.

arc de cercle : portion d'un cercle allant d'un point à un autre surle cercle. Pour tracer un arc de cercle, on pose la pointe sèche du compas sur un point donné (ce point est le centre du cercle sur lequel se trouvera l'arc). Puis, on ouvre le compas de telle façon que la distance entre la pointe sèche et la mine (cette distance est aussi appelée "ouverture du compas") soit égale au rayon du cercle.

carré : quadrilatère dont les angles sont droits et les quatre côtés égaux.

centre (d'un cercle) : point d'intersection de deux diamètres d'un même cercle.

cercle : ligne plane dont tous les points sont situés à la même distance d'un point appelé centre.

cercle circonscrit : le cercle circonscrit à un polygone est un cercle qui passe par tous les sommets de ce polygone.

compas à vis micrométrique : compas qui permet de tracer des cercles avec grande précision.

corde : le segment de droite qui joint deux points d'un cercle.

diagonale : se dit d'un segment qui joint des sommets non consécutifs dans un

polygone.

droite : par deux points, on peut faire passer une droite et une seule.

losange : parallélogramme dont les côtés sont égaux.

matrice de décoration : tracé qui sert de base à de multiples motifs de décoration.Toutes les lignes de constructions sont apparentes. On peut ensuite colorier à saguise. Chaque matrice est **évolutive**. Elle peut donner d'autres idées.

parallélogramme : quadrilatère dont les côtés opposés sont deux à deux parallèles et égaux.

polygone convexe : un polygone est convexe quand il se situe entièrement du même côté d'une droite prolongeant l'un de ses côtés.

polygone régulier : polygone dont tous les côtés sont d'égale longueur et tous les angles identiques.

porter une corde : Cela se fait en deux étapes. Il faut d'abord ouvrir le compas de telle façon que son ouverture corresponde à la longueur de la corde que l'on doit porter. Ensuite, on poser la pointe du compas sur un point de la circonférence d'un cercle et on trace un arc qui coupe le cercle en un ou deux autres points. Le segment qui joint le point d'origine au(x) nouveau(x) point(s) est de la même longueur que la corde que l'on devait porter.

quadrilatère : polygone convexe à quatre côtés.

rectangle : parallélogramme dont un angle est droit.

segment : un segment de droite est une portion de droite délimitée par deux points fixes ou extrémités.

semblables : se dit de triangles, quadrilatères et autre polygones dont les côtés sont proportionnels entre eux.

tracer un arc de cercle :

Exemple 1 : «Tracez un arc de centre A de rayon 8 carreaux» signifie «Ouvrez le compas pour que la distance entre la pointe sèche du compas et la mine soit égale à 8 carreaux puis, posez la pointe sèche du compas sur le point A et tracez une partie de circonférence.»

Exemple 2 : «À partir du point A, tracez un arc de rayon NP» signifie «Ouvrez le compas pour que la distance entre la pointe sèche du compas et la mine soit égale à la distance entre les points N et P puis, posez la pointe sèche du compas sur le point A et tracez une partie de circonférence.»

triangle : figure à trois côtés.

triangle équilatéral : triangle qui a trois côtés égaux ou trois angles égaux. (même remarque ; il a donc trois côtés *et* trois angles égaux)

triangle isocèle : triangle qui a deux côtés égaux ou deux angles égaux. (il a donc deux côtés *et* deux angles égaux)

... et pour finir, un peu d'anglais.

arc	arc
carré	square
cercle	circle
cercle circonscrit	circumcircle
compas	compass
corde	chord
diagonale	diagonal
droite	straight line
étoile	star
joindre deux points	join two points
losange	rhombus
matrice	matrix
matrice de décoration	decoration matrix
polygone	polygon
- **pentagone**	- pentagon
- **hexagone**	- hexagon
- **octogone**	- octogon
- **décagone**	- decagon
porter un arc	swing an arc
rectangle	rectangle
rosace	rosette
segment	segment
tracer un cercle	draw a circle
triangle	triangle

Avancez au large !

Vous voici arrivés au terme du Tome I. Félicitations pour vos tracés soignés. Vous avez été tous capables de réaliser ces belles figures harmonieuses. Seriez-vous devenus fort en math ? Pourquoi pas ?

Ces activités géométriques vous ont permis de discipliner votre main et d'acquérir, au fil des pages, votre propre dynamique de l'innovation.

À votre tour, vous innovez !

Avez-vous remarqué que la plupart des tracés font intervenir les longueurs suivantes : 5, 8, 13, 21 et 34 carreaux ? Cette suite des nombres est bien particulière. En effet : 5+8=13, 13+8=21 et 21+13= 34. De plus si vous divisez 34/21, puis 21/13, puis 13/8 et enfin 8/5 vous allez trouver des valeurs sensiblement équivalentes à 1,6. TRÈS CURIEUX...

Vous en saurez plus en étudiant les Tomes II et III des Activités Géométriques où il vous sera proposé des figures aussi harmonieuses que celles que vous avez déjà réalisées.

Vous ferez alors de merveilleuses découvertes, dans les sentiers du Nombre d'Or !!!

Les décorations proposés pour le pentagone, l'hexagone, l'octogone et le décagone peuvent se généraliser à tout autre polygone. Certaines matrices de décoration, en fin du Tome I, ne comportent que des explications succinctes. Les diverses connaissances que vous avez acquises au fil des pages vous permettrons de les trouver.

Vous aurez aussi de nouvelles idées de tracés, de décorations qui ne sont pas dans ce livre. Vous pourriez penser alors que c'est dû "au hasard." Hors, il n'y a pas vraiment de hasard, seulement de belles coïncidence. C'est parce que vous avez travaillé et intégré de nouvelles notions au fil de ces pages et que votre travail est maintenant très soigné, que les idées vont jaillir et que vous les reconnaîtrez comme étant de bonnes idées.

Petit à petit, vos connaissances vous porteront à toujours vouloir en savoir plus. Vous deviendrez capable de créer pour le plaisir, pour "voir ce que cela peut donner". C'est comme cela qu'on devient chercheur, comme R. J. M. VINCENT.

Bernard de CHARTRES (XIIe) disait fort justement : "nous sommes des nains perchés sur des épaules de géant." Ces "géants", ce sont tous ceux qui nous ont précédé depuis que l'homme existe. Chacun représente un maillon dans la chaîne de la vie, de la préhistoire au XXIe siècle. A vous maintenant de saisir l'occasion de continuer cette chaîne.